国家自然科学基金项目(51504091)资助
湖南科技大学学术著作出版基金资助
湖南省自然科学基金项目(2018JJ3166)资助
中原工学院青年骨干教师项目(2018XQG14、2019XQG06)资助

沙吉海矿区松软富水砂砾层巷道失稳机理及其控制

袁　越　郝育喜
孙光林　王晓雷　著

中国矿业大学出版社
・徐州・

内容提要

本书以西北沙吉海矿井为工程背景，综合采用现场调查、室内试验、理论分析、数值计算及现场测试的方法，获得了该矿区中生代松软富水砂砾层巷道围岩的力学特性及工程特性，探讨了巷道变形、应力场及渗流场的时空演化特征，揭示了松软富水砂砾层巷道的变形失稳机理，并建立了巷道围岩失稳判据，提出了该类巷道围岩稳定性的控制原则及相应的控制对策。通过工业试验验证了支护方案的有效性和适应性。

本书可供从事岩土工程、矿业工程等相关学习、工作的高等学校教师及研究生、科研院所的研究人员和设计部门的设计人员参考，也可供有关工程技术人员参考。

图书在版编目(CIP)数据

沙吉海矿区松软富水砂砾层巷道失稳机理及其控制 / 袁越等著. —徐州 ：中国矿业大学出版社，2020.6

ISBN 978-7-5646-4711-7

Ⅰ. ①沙… Ⅱ. ①袁… Ⅲ. ①砾石—巷道—围岩稳定性—研究—新疆 Ⅳ. ①TD322

中国版本图书馆 CIP 数据核字(2020)第107662号

书　　名　沙吉海矿区松软富水砂砾层巷道失稳机理及其控制
著　　者　袁　越　郝育喜　孙光林　王晓雷
责任编辑　耿东锋　陈红梅
出版发行　中国矿业大学出版社有限责任公司
（江苏省徐州市解放南路　邮编 221008）
营销热线　(0516)83884103　83885105
出版服务　(0516)83995789　83884920
网　　址　http://www.cumtp.com　**E-mail**:cumtpvip@cumtp.com
印　　刷　江苏凤凰数码印务有限公司
开　　本　787 mm×1092 mm　1/16　**印张** 10.75　**字数** 201 千字
版次印次　2020 年 6 月第 1 版　2020 年 6 月第 1 次印刷
定　　价　32.00 元

前　言

位于我国大西北的新疆沙吉海矿区的开采煤层处于中生代侏罗系煤系地层。中生代在成煤史上是一个较为重要的成煤时期，而在我国东北、华北、西北等地区的中生代煤系地层中赋存着一层不同厚度的砂砾层。该中生代砂砾层成分较复杂，既包括粒径较小的细砂、粉砂、泥质等细颗粒，也包括粒径较大的砾石粗颗粒，颗粒粒度相差较悬殊，且空间排布极不均匀，同时岩土颗粒胶结程度差，或者含有大量膨胀性矿物。这类介质的单轴抗压强度一般在 0.5～20 MPa 之间，为特殊的地质软岩。

砂砾层复杂的组成成分，导致其具有复杂的工程性状，地层不稳定、整体强度低是其主要工程特点。因中生代砂砾层自身性质的这种特殊性，尤其是在富水条件下，矿井巷道围岩稳定性控制问题十分突出。主要表现为围岩顶板大范围冒落、垮塌，片帮，大范围的底鼓，巷道围岩严重变形，支架扭曲失效等，即使采取一些超前锚杆、超前导管、架设钢拱架等措施，仍会发生顶板漏冒、片帮、垮塌等破坏现象，严重影响施工进度，威胁施工人员及设备的安全。因此，富水条件下中生代砂砾层巷道的施工、支护成为我国部分地区矿井建设新的难题。随着我国煤炭资源开发规模日益增大，中东部煤炭资源逐渐枯竭，开始大范围开发内蒙古、新疆、陕西、宁夏等西部地区的煤炭资源，这些煤炭资源多赋存在中生代软岩地层，因此，势必会遇到砂砾层巷道围岩支护的问题。

由于中生代砂砾层自身性质的特殊性，岩石与细粒土体的部分力学响应规律与试验方法对这种特殊的砂砾介质将不再适用，同时传统巷道支护方式也不能满足控制围岩稳定性的要求。因此，为了解决中生代砂砾层巷道的支护问题，需先加强对砂砾地层物理力学性质、工程特性、围岩变形机制等的研究。本书以新疆沙吉海矿区中生代松软富水砂砾层巷道工程为背景，对巷道围岩稳定性控制开展系统研究，以期为我国煤炭资源的安全、高效、经济开采贡献绵薄之力。

本书在参阅前人研究的基础上，以新疆沙吉海矿井中生代松软富水砂砾层巷道为工程背景，综合采用现场调查、室内试验、理论分析、数值计算及现场测试的方法，研究该矿区中生代松软砂砾层巷道围岩的力学特性及工程特性，探讨巷道变形、应力场及渗流场的时空演化特征，揭示松软富水砂砾层巷道的变形失稳机理，建立巷道围岩失稳判据及失稳判别方法，提出该类巷道围岩稳定性的控制原则及相应的控制对策。本书共分为 6 章。第 1 章介绍了沙吉海矿区中生代松软富水砂砾层巷道支护的工程背景，以及富水砂砾层的工程地质特征，进而指出该类地层中巷道围岩控制存在的问题，并阐述了研究思路。第 2 章介绍了沙吉海矿区中生代富水砂砾层巷道围岩的物理力学特征。第 3 章分析了沙吉海矿区中生代砂砾层的工程特性，主要针对砂砾层锚杆孔钻进问题及可注性问题进行试验研究，并提出了有效方案。第 4 章重点论述了松软富水砂砾层巷道围岩的失稳机理及主导因素，通过砂砾层巷道渗压-地压作用下的受力变形破坏规律的研究来揭示砂砾层巷道的力学破坏机理，为围岩控制技术方案及参数选择提供科学依据。第 5 章提出了渗压作用下松软富水砂砾层巷道围岩的失稳判据及其判别方法、流程。第 6 章在前面几章内容的基础上，提出了沙吉海矿区松软富水砂砾层巷道围岩的控制对策，分析了中生代砂砾层巷道工程稳定性的控制原则，确定了相应的稳定性控制方案，采用数值分析和现场工业试验验证了支护方案的合理性及适用性。

本书的主要内容主要来自于我们近年来所完成的科研课题成果，部分现场资料取自神华国神集团有限公司新疆沙吉海煤矿，在此衷心感谢沙吉海煤矿的有关管理与现场工程技术人员；本书的出版得到了国家自然科学基金项目(51504091)、湖南科技大学学术著作出版基金、湖南省自然科学基金项目(2018JJ3166)、中原工学院青年骨干教师项目(2018XQG14、2019XQG06)的资助，在此一并致谢。书中引用了国内外诸多专家学者的文献资料，在此对这些专家和学者表示诚挚的谢意。

由于水平和学识有限，书中错误和疏漏之处在所难免，恳请读者不吝批评指正。

著　者

2019 年 8 月

目　　录

1 绪 论

1.1 中生代砂砾层巷道围岩控制的工程背景及意义

1.1.1 工程背景

中生代在成煤史上是一个较为重要的成煤时期，而在我国东北、华北、西北等地区的中生代煤系地层中赋存着一层厚度不一的砂砾层[1-5]。

近些年，随着我国能源需求量的不断增大以及西部大开发的推进，陕西、宁夏、内蒙古和新疆等矿区中生代煤层的开采规模也在日益扩大，这就势必会遇到砂砾层巷道的支护问题。而我国在中生代砂砾地层巷道的支护设计、施工等方面的经验较欠缺，针对此问题的研究也较少。

砂砾层是一种特殊的岩土介质，由于其组成成分较复杂，既包括细砂、粉砂、泥质等细颗粒，也包括粒径较大的砾石粗颗粒，其性质不同于土体，也不同于一般的岩石。该类地层是由碎屑沉积物在较短时间内沉积而成的，其沉积年代短，成岩作用差，固结程度低，胶结性差，砾石分布不均，整体强度低，有的处于半胶结状态，结构疏松，地层不稳定[6]，水对其稳定性的影响很大。该类砂砾地层因颗粒大小分布、胶结作用性质、含水性等因素的不同，其与岩石、土体的性质的不同之处表现为：① 组成的颗粒粒度之间相差较悬殊，并且空间排布极不均匀，物理力学性质差异性较大；② 在结构组成上，既含有细粒之间的联结细观结构，又含有粗粒与细粒胶结的宏观结构；③ 岩石与细粒土体的部分力学响应规律与试验方法对这种特殊的砂砾介质将不再适用。

由于中生代砂砾层自身性质的这种特殊性，尤其是在富水条件下，矿井巷道围岩稳定性控制问题十分突出，主要表现为围岩顶板冒落、垮塌，顶部块体脱落、严重顶沉，片帮，支架扭曲失效等，因此，渗水作用下中生代砂砾层巷道的施工、支护成为我国部分地区矿井建设新的难题。依据目前我国水利领域、交通领域、矿业领域等对引水隧洞、交通隧道、矿井井筒及巷道等的建设经验，对于松散、颗粒大小差异大的岩土介质地层巷道，施工中往往出现围岩失稳的问题，即使采取一些超前锚杆、超前导管、架设钢拱架等措施，还是会发生顶板漏冒、片帮、垮塌等破坏现象，严重影响施工进度，威胁施工人员及设备的安全。随着砂砾层巷道围岩赋存环境的复杂性增强，巷道稳定性的控制难度将更大，而我国在中生代砂砾地层巷道围岩的理论研究、试验研究及技术研究等方面十分缺乏。为了解决中生代砂砾层巷道的支护问题，需先加强对砂砾地层物理力学性质、工程特性、围岩变形机制等的研究，以为我国煤炭资源的安全、高效、经济开采创造有利条件。

沙吉海矿区位于新疆准西北煤田，地处克拉玛依、塔城、阿勒泰交界处。区内中生界侏罗系含煤地层中存在一层厚约 12 m、性质较特殊的砂砾层，且位于 B13-2 煤层的上部。依据采矿设计布置图，大部分巷道、大型硐室（如主井、风井、运输石门、＋550 m 水平井底车场、永久避难硐室、爆破材料库、煤仓等）将穿越或是赋存于砂砾层。由现场砂砾层初步揭露情况结合工程地质勘查报告可知，砂砾层结构松散、胶结程度差、固结成岩作用低，砾石分布极为不均，抗风化、软化能力差，如图 1-1 所示。据水文地质资料分析，砂砾层上覆含水层总厚度一般为 40～50 m，因而加上渗水的影响，穿越或赋存在砂砾层中的巷道、硐室在掘进期间时有片帮、漏冒、支架压垮等大变形破坏现象的发生，给巷道支护带来了很大的困难，严重威胁着矿山的安全生产。

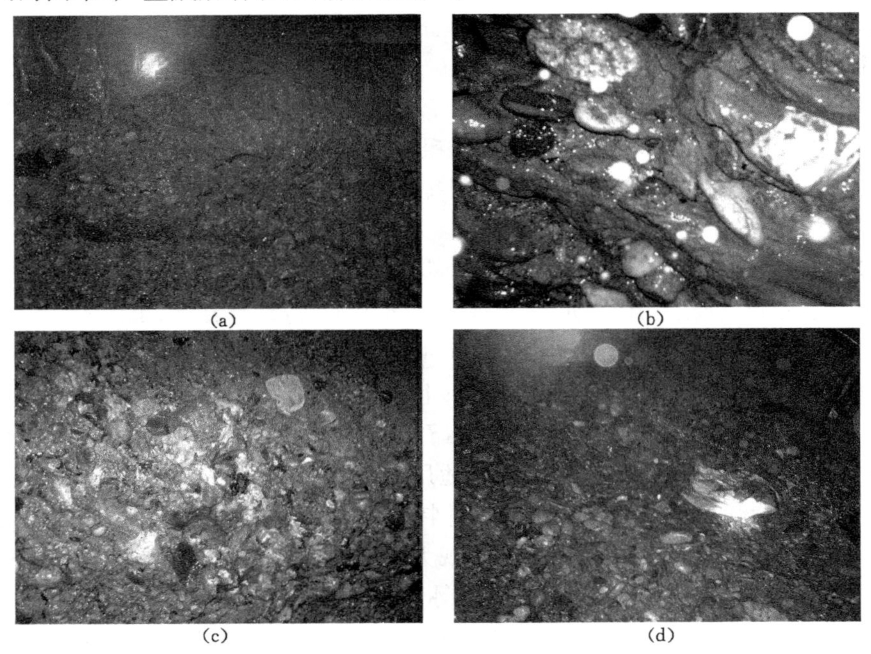

(a)　(b)　(c)　(d)

图 1-1　现场巷道围岩情况

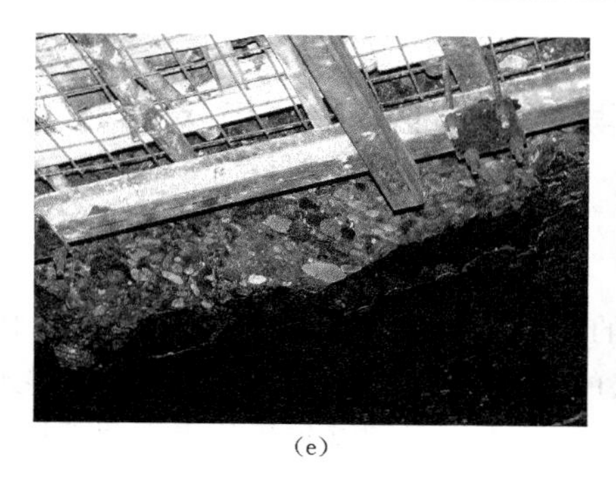
(e)

(f)

图 1-1(续)

我们以新疆沙吉海矿区中生代砂砾层巷道工程为背景,对巷道围岩稳定性控制开展研究。在复杂地质条件下,如何确定矿区中生代砂砾地层的工程属性、稳定性,分析其变形失稳机制,提出科学、合理、有效的围岩稳定性控制对策,都是本课题急需探讨和解决的问题。

1.1.2 围岩控制的理论与现实意义

随着科技的进步和采掘技术的发展,矿井开采规模增大,开采集中程度提高,对巷道稳定性和可靠性都提出了更高的要求。本课题研究旨在解决沙吉海矿区中生代砂砾层巷道围岩的变形失稳机制的确定及围岩稳定性控制方面的关键技术问题,以降低支护成本,保证采掘衔接的连续性,提高煤炭资源开采的经济效益,避免重大顶板事故的发生。通过系统研究沙吉海矿区中生代砂砾层的物理力学性质、工程特性、巷道围岩稳定性及变形失稳机制,揭示该区中生代砂砾层巷道围岩变形的力学机理及基本规律,探索出与之相适应的支护控制对策,解决该类围岩稳定性控制的难题,为矿区的高产高效提供技术保障,实现煤矿全面、协调、可持续的发展。因此,本课题研究对促进企业技术进步、保障安全生产,具有十分重要的理论指导意义和工程现实意义。

研究成果直接为新疆沙吉海矿区砂砾层巷道的设计与施工服务,并为区内其他矿井的建设或类似围岩条件下的巷道围岩稳定性控制提供了有益的借鉴和参考。研究中对中生代砂砾层进行了大量的室内试验及现场测试,取得了丰富的试验数据及资料,获得了一定的试验方法及测试技术经验,为水利隧洞、公路及铁路隧道、矿井巷道在砂砾地层条件下围岩的稳定性研究奠定了坚实的基础。

1.2 砂砾层巷道围岩特性及其控制相关理论与技术现状

1.2.1 砂砾地层特性

目前，专门针对中生代砂砾层特性的研究甚少，该方面研究主要集中在中生代砂砾岩油气储层及煤矿砂砾岩含水层的突水治理上。而对于类砂砾层的物理力学特性的研究绝大部分属于第四系、新近～古近系埋藏较浅的表土卵石层、砾石层、砂卵石层、土石混合体等。

在中生代砂砾层沉积模式、沉积类型等方面，张占松等[7]针对水下冲积扇环境的砂砾层沉积，总结出 15 类岩相模式及各类微相的岩相特征。吕复苏等[8]对克拉玛依的砂砾层油藏进行了地震属性信息的提取，提高了油气勘探开发的综合性和科学性。马丽娟等[9]利用反演波阻抗资料对东营凹陷北部砂砾层体进行了描述及预测，提高了钻探成功率。黄仁祥等[10]对鸡西煤田北部中生代各个砂砾层的砾石岩性组成、形态以及砾石的空间排列方位进行了观测，应用数理统计的方法进行了分析，获得了砂砾层组构特征的数量指标。王宝言等[11]对济阳坳陷北部陡坡带砂砾层体的沉积类型进行了划分，并确立了砂砾层体纵横向演化的主控因素、时空展布。彭传圣等[12]、申本科等[13]对陆相砂砾层的沉积模式、展布规律、裂缝发育特征及砂砾层的地层层序进行了研究。张守伟等[14]对济阳坳陷东营北带东段地区砂砾层进行了物理试验测试，研究了砂砾层 Biot 系数（有效应力系数）变化特征，并根据扩展的 Biot-Gassmann 关系式计算出流体饱和后的砂砾层弹性模量，预测了纵横波波速。

在对类似砂砾层（埋藏较浅的表土卵石层、砾石层、砂卵石层、土石混合体等）的物理力学特性研究方面，国内一些专家学者做了一系列的室内试验及现场原位测试。董云[15]通过室内试验研究了岩性、含石量、密实度及颗粒最大粒径等因素对土石混合料力学特性的影响，总结了土石混合料的剪胀性能、土石混合料的剪切变形破坏方式。黄广龙等[16]对散体岩土介质的力学试验结果研究表明，散体岩土介质的应力-应变关系为非线性硬化型，材料的应力-应变关系基本符合 Duncan-Chang 模型的双曲线假设。武明[17]分别在大型和中型三轴剪切仪上对 4 组土石混合填料的试样进行了抗剪强度试验研究。赫建明[18]采用自行设计的土石混合体平面加载系统，研究了不同条件下块石对土石混合体力学特性的影响。吕天启等[19]基于 Hoek-Brown 强度准则建立了砂砾软岩极限承载力的分析方法，提出了相应的剪切破坏模型。闫汝华[20]对砂砾石料的矿物组成、颗粒级配、压实性、渗透性、强度等方面对其工程特性影响进行了研究。胡胜刚等[21]对河床砂砾石层的基本特性进行了大尺寸模型试验，研究了砂砾石层的旁压模量和动探击数随密度、级配以及上覆压力不同的变化规律。黎心海等[22]对砂砾岩的性质进行了试验分析并提出了砂砾层桩基承载力的评价方法。宁金成等[23]采用大型三轴压缩试验研究了含石量、密度和围压等因素对土石混合体强度特征的影响。廖秋林等[24]等采用高精岩石试验机进行了土石混合体的单轴压缩变形试验，结果表明，因无侧限条件下块石与土体无胶结，而造成试样承载面积的减小，从而使其抗压强度与弹性模量反而低于土体，而土石混合体中块石形成骨架结构的力学响应是土石混合体的一个重要的力学特性。张景等[25]认为常规基质应力敏感实验过程相当于实验室应力敏感性实验的老化过程，应采用非线性有效应力敏感实验及 Jones 方法测量致密砂砾地层的应力敏感性。

在现场原位测试研究方面，李晓等[26-27]在三峡地区进行的土石混合体原位推剪试验表明，土石混合体的变形破坏包含材料和结构两种变形破坏特性。在土石混合体屈服时，其变形特性仍是土体或块石本身的材料特性，即土体材料首先屈服，但土石混合体的残余强度并无明显降低。当变形过大时，土石混合体的整体结构丧失，试样完全破坏。徐文杰等[28]通过现场试验，得出了土石混合体在天然状态与浸水后强度参数的变化规律。油新华等[29]通过野外大型水平推剪试验得出了白衣庵滑坡地区的滑带附近三级阶地上的土石混合体的变形特点和相关的抗剪强度参数。

国外学者对粗颗粒岩土介质、砂砾石、砂石、土石体等也做了一些有益的研究工作。Cetin 等[30]对粗颗粒土的颗粒分布、渗透特性、抗剪强度和抗压强度进行了研究。Knodel 等[31]、Shibuya 等[32]通过三轴试验结合局部位移计的测试结果，指出砂砾石和软岩的轴向应变小于 10^{-5} 数量级时候都有一定的线弹性性质，此时静动荷载作用下的变形参数是相同的。Evans 等[33]对粗颗粒含量分别为 0、20%、40%和 60%的砂石土进行了大型循环三轴试验，结果表明，剪切模量随着粗粒含量的增加而增大，但模量归一化曲线变化不大。Yasuda 等[34]分析了均匀系数相等、颗粒直径和孔隙比不同的两类砂石料的剪切模量特征，认为在相同的剪应变下，其模量相差约 20%，但大致保持平行关系。

由粗细颗粒组成的岩土介质，在水作用下的渗透性对其力学性质的影响较大，因此，很有必要研究砂砾石、砂卵石、粗粒土、土石体等的渗透系数。渗透系数在一定程度上反映了岩土体的颗粒组成、结构特征、胶结程度、孔隙度等基本性质。对粗细颗粒岩土介质渗透系数的测定，不少学者做了一些尝试性与创新性的研究工作。邱贤德等[35]研究了堆石体粒度分布特征对渗透性能的影响，并构建了颗粒含量与渗透系数之间的经验公式。徐天有等[36]通过理论推导得出了堆石体的渗透规律一般表达式，并研究了流态与孔隙率、颗粒几何尺寸的关系。朱建华等[37]通过对砾石土的防渗研究认为，以粗颗粒为骨架的砾石土，细料含量对其渗透稳定性有很大的影响，其中 0.1 mm 粒径以内的细粒含量是砾石土渗透性的主控因素。张福海等[38]采用自制的粗粒土渗透变形仪，结合工程实践对不同级配的粗粒土进行了渗透及渗透变形试验。姚旭初等[39]对地表水长时作用下粗颗粒地层的渗透规律进行了研究，并找出了浅层地下水与深层地下水的排泄、补给规律。周中等[40-41]采用自行研制的定水头渗透仪，通过正交试验研究，得出了砾石含量、颗粒形状和孔隙比等因素在不同水平下对土石混合体渗透系数的影响。王同华等[42]对隧道地下工程中地下水渗流的不利影响、渗流发生的条件以及渗流产生的机理等做了较为详尽的分析。郭海庆等[43]借助箱型渗透变形试验仪对不同颗粒级配的砂砾石进行了试验研究，并描述了砂砾石的渗透破坏过程。樊贵盛等[44]通过室内砂砾石混合体的系统渗流试验，探讨了不同级配条件下渗透系数的变化规律，并对大、中、小粒径组的特征粒径指标进行了量化。叶源新等[45]依据渗流试验结果认为，砂砾岩的渗透系数与平均有效应力呈负指数函数关系，并建立了砂砾岩在三维应力状态下的耦合特征关系模型。

1.2.2 砂砾地层钻进与施工技术

由于砂砾石层、砂卵石层、砾岩层等结构松散、砾石硬度很高、整体稳定性差，在钻孔过程中经常发生掉齿、崩刃、塌孔、卡钻等现象，钻头损耗大，效率极低，这给成孔与工程施工带来了巨大的困难。目前，有不少科研人员与工程技术人员对卵砾石层、砂砾层、砾岩层的钻进进行了大量的技术研究与工程实践。邵明仁等[46]通过优选新型高强 PDC 切削齿、改进钻头的切削结构及提高钻头的整体强度等方法，开发了厚层砾岩 PDC 钻头钻进技术，并应用于辽东湾厚层砾岩段的钻进。刘桂松[47]采用干钻法同时跟进套管在地下水位以下的砂砾层中进行了钻进实践，取得了较好的效果。刘晓阳等[48]针对卵砾石层的特点，研制了具有高耐磨性、高冲击韧性的金刚石单晶与 WC-Co 硬质合金复合球齿钻头，并进行了野外钻进试验。周红心[49]针对卵砾石层的钻进难点，通过提高钻头胎体材料硬度、耐磨性、冲击韧性及金刚石的包镶强度，研制了一种热压强耐磨性孕镶金刚石钻头，在卵砾石层钻进取得了成功应用。许厚材[50]基于普通回转式或纯冲击钻进破岩的缺点，将潜孔锤钻进与套管钻进结合起来，形成复合性钻进工艺，对砂砾层的钻进做了有益的尝试。

通过查阅相关文献资料知，对于砂砾层、砾岩、卵砾石层中的地下工程开挖支护方面的研究主要集中于交通领域的公路、铁路隧道工程，而矿井巷道建设工程方面研究较少。袁振中等[51]针对卵石土进行详细的调查研究，探讨卵砾石隧道的开挖破坏模式、设计新理念、设计施工与监控量测要点。赵世麒等[52]介绍了马平高速公路旱台子隧道在黄土层和砂砾石层中的成洞技术和施工中出现的问题及解决方法，并提出了软弱土层中大断面隧道开挖支护原则。杨玉银等[53]认为，对于富水洞段的开挖，必须先解决地下水问题，此外，加密超前小钢管及预防掌子面坍塌的短台阶支撑法，是泥结碎石斜井隧洞开挖成功的关键。陈晓婷[54]对成都富水砂卵石地层条件下采用浅埋暗挖法修建下穿电力隧道做了相关研究。郑光炎等[55]以我国台湾地区西北部麓山带未固结的砂石层及以砂泥交互层、胶结松散砂层的隧道施工为例，探讨隧道开挖过程中因地盘胶结松散、遇水易软化的工程地质特征而导致的各种破坏模式。侯建国[56]对成岩作用较差的侏罗系豆渣状砂砾岩隧道的支护技术及施工工艺做了介绍，并通过施工变形监测验证了该套措施的合理性。在矿井建设方面，陈夕锁[57]对黏土胶结、极不稳定的砾石层主斜井采用 15 kg/m 道轨进行护顶护帮，取得较好的效果。张晓刚[58]、郭成林[59]在工程实践的基础上，对砾石含水层施工中面临的问题及解决方法进行了总结，为工程技术人员在砾石层中施工井巷提供了宝贵的经验。

1.2.3 注浆技术现状

1.2.3.1 国外注浆技术的发展

注浆技术在国外发展较早，1802 年，法国土木工程师贝里格尼在维护第厄普冲砂闸时，采用一种木质冲击筒装置和人工锤击的方法向地层中挤压黏土浆液，这被认为是开辟了注浆技术的先河[60]。到了 1824 年，英国的阿斯普丁又成功研制硅酸盐水泥，为后来的水泥注浆奠定了基础。1838 年，科林首次采用硅酸盐水泥作为注浆材料，并应用于法国克鲁布斯大坝的加固。1839 年，彪地莫林(Beaudemoulin)将注浆法应用于图斯的一座建于 1765 年的桥梁基础的加固。1845 年 W. E. 沃森在美国第一次将水泥浆注入一水库溢洪道陡槽的基础中，以提高基础的承载力。

1864 年，P. W. 巴罗申请了第一个用于盾构施工的注浆专利，主要用于隧道及地下坑道的建设。1886 年，英国的克雷阿森自行研制了压气注浆机，可向衬砌壁后充填注浆，并在尼罗河船坞以及尼罗河河口罗世得大坝的修建中得到了应用。1880—1905 年间在德国和比利时从事煤炭开采的罗依麦克斯、波蒂埃尔、弗兰克伊斯和萨克雷埃尔等工程师，对富水竖井进行了水泥注浆堵水试验，并发明了高压泥浆泵，对注浆材料、注浆工艺也做了改进，为现代注浆技术奠定了基础，同时，注浆泵与普通硅酸盐水泥的发明也为注浆技术的推广创造了有利条件。

化学注浆技术起源也较早,1880 年英国人豪斯古德在印度建设桥梁时候采用了化学药品固砂,这是化学注浆法的最早记录。1909 年,比利时勒弥、塔蒙特在水玻璃中加入适量的稀酸,发现了调整水玻璃 pH 值的机理,并获得了双液单系统的一次注浆法的专利。1920 年,荷兰的采矿工程师尤斯登首次使用了水玻璃、氯化钙双液双系统的二次注浆法。

1950—1975 年间化学注浆技术及化学注浆材料得到了较大发展[61]。20 世纪 50 年代,美国研制了胶凝时间可灵活调节、黏度接近于水的丙烯酰胺浆液(AM-9),随后又出现了脉素-甲醛类浆液。到了 20 世纪 60 年代日本市场上已有名为日东-SS 的丙烯酰胺类注浆材料销售。接着是“塔克斯”系列聚氨酯注浆材料的发明,该材料以地下水作为反应剂。

1.2.3.2 国内注浆技术的发展

国内的注浆技术在水利部门与煤炭系统应用较早。1956 年山东淄博夏家林煤矿采用地面预注浆法对淹没了近 20 年的矿井进行了恢复生产[62];1963 年 4 月,凡口铅锌矿金星岭矿井首次采用预注法凿井,并顺利穿越了复杂的喀斯特地层。1964 年,注浆技术在湖南省水口山矿的突水防治中得到了广泛的应用。随后,在我国的各水利水电工程建设中都用到了注浆法,对大坝基础进行加固和防渗处理,比如乌江渡大坝帷幕注浆的水泥耗用量达 55 660 t。

在我国的公路、铁路隧道工程的建设中也广泛采用了注浆法。为了阻隔地下水对隧道围岩开挖的影响,可在地表先进行帷幕注浆;同时,在隧道掘进工作面进行超前预注浆以封堵地下水及加固围岩,如位于京九线的岐岭隧道与京广复线上的大瑶山隧道的施工过程中,既应用了工作面超前预注浆法,也采用了地表帷幕注浆法,并顺利穿越了特厚含水,取得了较好效果。

在我国城市地铁工程建设中注浆技术也得到了广泛的应用,采取围岩注浆来提高施工中的安全性。比如,在北京地铁施工中,采用过改良的水玻璃浆液固结强富水含水砂层;在广州地铁建设过程中,则采用过添加有超细水泥的黏土固化注浆浆液对强含水砂层进行固结。

1975 年我国首先在铁路隧道工程领域进行了单管法注浆的试验与应用[63]。1977 年冶金部建筑研究总院首次对三重管法喷射注浆法在宝钢工程中进行了成功应用;随后,又研发了高压喷射注浆的新注浆工艺——干喷法,并获得了国家专利。

我国在注浆材料方面的发展也较快,目前可自行生产多种具有抗渗能力强、胶凝时间容易控制、可注性能好、结石体强度高等特点的注浆材料。戴安邦提出了硅酸聚合机理,该机理能较好说明水玻璃的凝胶效应的发生,从而对我国的水玻璃类注浆材料的发展起到了推动作用。叶作舟研究员研发出有强渗透性能的

"中化-798"环氧树脂类加固化学注浆材料。2002 年,殷素红等[64]以低品位石灰岩为注浆材料,对浆液的性能及其作用机理进行了大量的试验。此外,近些年来我国对水泥粉煤灰、超细水泥、水泥黏土、大掺量煤矸石粉、高分子化学注浆材料、新型水泥复合浆液、轻质速凝堵漏注浆材料等注浆材料的研究与应用也颇多[65-75]。

1.2.4 围岩稳定理论概况

自 19 世纪以来,人们对松散地层的围岩压力及围岩稳定性的研究一直不断发展,围岩压力理论先后主要经历了古典压力理论、散体压力理论到现在广泛应用的弹性力学理论、塑性力学理论等。国外学者对围岩压力理论的研究起步较早,20 世纪初以海姆、朗金和金尼克为代表发展起来古典压力理论[76-77]。他们都认为,作用在支护结构上的压力是其上覆岩层的重量。其不同之处在于:海姆认为侧压系数为 1,朗金根据松散体理论认为是 $\tan^2(45°-\varphi/2)$,而金尼克根据弹性理论认为是 $\mu/(1-\mu)$,其中 μ、φ、γ 分别表示岩体的泊松比、内摩擦角和容重。随着理论及工程实践的发展,以太沙基和普氏(普罗托季亚科诺夫)理论为代表的压力拱理论应运而生[78]。压力拱理论认为:压力拱的高度与地下工程跨度和围岩性质有关。太沙基认为压力拱形状为矩形,而普氏则认为压力拱形状呈抛物线形。压力拱理论的最大贡献是提出巷道围岩具有自承能力。19 世纪 50 年代以来,人们开始用弹塑性力学来解决围岩稳定性问题,其中最著名的是芬纳公式和卡斯特纳公式[79-81]。随着半解析元法的提出,林银飞等[82]将有限厚条法和弹塑性分析结合在一起,提出了弹塑性有限厚条法,采用大单元内划分小网格的方法判断塑性区范围,推导出了塑性系数矩阵及塑性刚度矩阵,并分析了地下工程三维弹塑性围岩稳定性。

松散地层围岩稳定性机理分析主要是对地下工程在开挖过程中对拱效应自稳性的机理进行分析。压力拱效应是地下开挖工程中存在的基本力学现象之一。产生拱效应是因材料受力后发生变形,为了抵抗变形而发生力传递的偏离,是材料在外荷载作用下自发产生的自我调节以达到自我平衡的一种现象。通过研究地下工程围岩的拱效应的产生可以揭示地下工程围岩的自身承载能力及围岩稳定的机制,为支护设计和施工提供必要的理论指导[83]。Kovari[84]最早提出了在隧道工程开挖中存在拱效应现象。Fayol[85]提出了岩石拱的基本概念,并认为岩石拱的存在可以减小洞室顶部的变形。普氏理论[86]的创立,进一步发展了松散介质中自然平衡拱理论。Terzarghi[87]通过试验研究进一步验证了砂体中拱现象的存在,并进行了力学计算分析。之后,有众多专家学者对"拱效应"的产生、作用等进行了大量的研究[88-93]。Huang[94]对自然平衡拱的判定进行了初步的研究;而 Tien[95]在分析、总结前人关于拱现象的众多研究成果基础之上,较为深入地研究了散体材料的成拱机制,分析了前人研究中存在的不足,进一步完善与发展了压力拱理论。并指出,拱现象的产生是松散岩土介质为抵抗不均匀变形而进行的一种自我调节的现象。拱效应一般发生在顶部围岩上,也可能发生在侧墙及底板上。

1.2.5 地下工程应力-渗流耦合数值计算研究进展

渗流场与应力场的耦合是多场耦合研究中的重要内容,在力学研究领域中渗流场与应力场的耦合分析又被称为流固耦合分析,流固耦合的研究重点在于固体介质和流体间的力学耦合基本规律。随着地下工程建设步伐的加快以及流固耦合理论、数值计算方法、计算机技术的快速发展,流固耦合数值计算法在考虑水作用下的地下工程围岩稳定性分析方面应用的越来越广。吉小明等[97]提出了富水条件下隧道开挖过程中力学与渗流特征及表征的方法,并根据岩体的基本结构特征及代表性单元体(REV)是否存在,提出了隧道流固耦合数值计算中的耦合计算模型的建立方法;采用数值分析法研究了隧道开挖过程中渗流场与应力场的耦合问题,得到了围岩变形和渗流场的变化规律。结果表明,隧道开挖引起的渗流影响边界大于力学影响边界,由于渗流而引起的渗流力使得围岩的应力、位移均有所增大,从围岩-支护结构共同作用的原理考虑,在进行隧道支护结构设计时应该考虑地下水渗流效应。王建秀等[98]认为,若考虑隧道开挖过程中围岩的破坏,则渗流-应力耦合作用可以概括为卸荷和水力劈裂裂隙模式。在隧道二次应力场中,变形和破裂过程相伴而生,耦合作用模式的建立可以为隧道设计、施工及地质灾害防治提供明确的概念模型和参考依据。吉小明等[99]通过耦合计算得到:在考虑地下水渗流的影响情况下,隧道开挖后围岩位移量最大增加了 17%,剪应力值最大增加了 10.3%。在不考虑衬砌支护的情况下,由于渗流而引起的渗流力增大了围岩的应力与变形。

汪优等[100]结合青岛胶州湾海底隧道工程,视围岩为等效连续介质,建立了海底隧道稳定渗流分析计算模型,并对渗流场相关特性进行了探讨。梅国栋等[101]对铜锣山隧道的开挖和支护方案进行了三维流固耦合计算,在应力场、应变场及渗流场分析的基础上,评估了该隧道工程建设发生岩爆、坍塌、突水灾害的风险。张志强等[102]基于渗流-应力耦合的力学模型研究了注浆圈的厚度及渗透系数对围岩稳定性、渗流场、支护结构受力的影响。结果表明:水底隧道工程的开挖对初始渗流场的改变程度及范围与注浆圈的渗透系数有紧密关系,采取围岩注浆的措施不但能起到堵水的作用,还能够减小地下水渗透力、约束位移。李地元等[103]基于渗流-应力耦合分析理论,利用三维有限差分法对地层富水条件下连拱隧道的围岩稳定性进行了分析，并探讨了不同围岩级别、不同埋深连拱隧道的开挖渗流机制。Li[104]等以公路连拱隧道为背景，在考虑渗流效应的基础上，借助 FLAC 3D数值计算程序对围岩的变形进行了计算，并比较了考虑渗流与不考虑渗流时候的拱顶下沉值。

Lee 等[105]以首尔地铁 5 号线为工程背景，研究了浅埋排水型隧道渗流力对隧道衬砌和掌子面稳定性的影响。靳晓光等[106]在建立三维有限元渗流分析模型的基础上，对某越江隧道开挖过程中的流固耦合效应进行了计算，结果表明：地层渗透系数对渗流速度和围岩位移的影响较大，地下水渗流致使隧道围岩的应力、变形及支护结构的受力均有较大的增大。马立强等[107]采用 FLAC 3D数值计算程序中的应力-渗流耦合系统，研究了煤层开采过程中因冒顶、放顶垮落而引起的顶板突水通道的演化规律。白国良等[108]采用立方定律导出了以应变为参数的采动岩体等效渗透系数，并建立了基于 FLAC 3D的采动岩体等效连续介质流固耦合数学模型。李刚[109]建立了软岩应力场和渗流场耦合作用下的流固耦合蠕变数学模型，并对水岩耦合作用下软岩巷道围岩的蠕变变形特征及其控制效果进行了数值分析。

从以上研究中可以看出，大部分研究成果是关于渗水条件下隧道工程的渗流-应力耦合数值计算分析，而对考虑渗流影响下矿井巷道围岩稳定性、变形力学机理的流固耦合分析研究甚少。

1.3 中生代松软富水砂砾层巷道围岩控制存在的问题

通过查阅、研究国内外有关巷道围岩稳定的文献可知，现有的巷道围岩稳定理论及控制技术取得了长足的发展，并为我国地下工程的建设做出了重要的贡献，对今后该领域的进一步发展起到了巨大的推动作用。但是，目前专门针对中生代砂砾层巷道的围岩稳定性分析、控制理论及技术等方面的研究严重不足，而现有的围岩控制理论与技术又不能很好地解决该类特殊地层巷道围岩的控制难题，尚存一定的局限性，致使工程技术人员在处理此问题时带有一定的盲目性及随意性，因此，急需对中生代砂砾层巷道的围岩特性、变形机理及控制技术等方面开展深入的研究。主要问题体现在以下几方面：

(1) 对中生代砂砾层巷道围岩的透水性、粒度分布特征、强度特征、成分及结构特征等物理力学特性的研究严重不足。从研究现状来看，大部分研究成果涉及的是中生代砂砾岩体的沉积模式、沉积类型、沉积相以及埋藏更浅的第四系、新近～古近系的表土卵砾石层、砂卵石层、土石混合体等。

(2) 中生代松散砂砾层的重要工程特性——可钻性及可注性问题目前尚未

明确，而对砂砾层巷道围岩采取锚固或注浆加固等技术进行围岩控制，必须先掌握该类地层的可注性与钻进性，以从根本上提高围岩的强度及稳定性。

(3) 对沙吉海矿区中生代砂砾层巷道围岩的变形失稳机理及稳定性主控因素的认识和研究严重缺乏。和其他常见的煤系地层相比，中生代砂砾层这一类特殊的地层具有自身的独特性和复杂性，目前的围岩稳定理论与施工技术均不能很好地适应该类地层，因此，需加强研究。

(4) 支护结构不尽合理。以往对于松散、破碎巷道围岩的稳定性控制，大多采用锚喷支护、可缩性支架、锚喷＋浇筑混凝土、超前锚杆等支护形式，针对中生代松散砂砾层巷道围岩的控制来说，单纯采用一种主动支护或一味地增加支护强度并不能很好地解决问题，应有的放矢，探索出一种与之相适宜的支护方式。

(5) 对地下水的影响不够重视。由于受沉积环境的影响，一般而言，中生代砂砾层是含水的，相较于无水巷道围岩的控制，这无疑是增加了支护难度。因此，很有必要研究在渗流场、应力场两场耦合作用下巷道围岩的稳定性，为支护设计与施工提供指导。

1.4 中生代松软富水砂砾层巷道围岩控制需重点开展的工作

为了解决沙吉海矿区中生代松软富水砂砾层巷道工程的支护问题，提出相应的控制对策，首先要明确中生代砂砾层巷道围岩的物理力学特性及工程特性，例如围岩粒度分布特征、强度特性、矿物成分及结构特征，水对砂砾石的变形、抗剪强度等的影响，可钻进性及可注性等，进而为后续的数值计算分析、围岩控制对策的提出、现场支护设计与施工等提供科学依据。

其次，采用理论分析、数值计算的方法对渗水条件下巷道的变形特征，应力场、位移场演化规律及围岩破坏形态与破坏过程进行分析，从而揭示中生代松软富水砂砾层巷道围岩的变形破坏机理并确定影响巷道围岩稳定的主导因素。在此基础上，结合突变理论，建立渗压作用下砂砾层巷道围岩的失稳判据，并提出巷道围岩系统稳定性判别的具体实施方法及具体流程。

最后，以中生代砂砾层物理力学性质、工程特性、巷道围岩的变形、压力、渗流演化规律等为基础，结合围岩稳定理论，提出相应的围岩稳定性控制原则及支护对策。应用非线性大变形力学支护设计方法进行对策设计、过程设计和参数设计，并进行方案验证和优化。选取典型中生代松软富水砂砾层巷道进行工业性试验，通过现场矿压监测验证控制对策、设计方案的合理性和有效性。

2 沙吉海矿区中生代砂砾层物理力学特征

砂砾地层是一类复杂的地质介质，与其他岩层相比有着明显的特征，即物质组成复杂、结构分布不规则、具有高度非均质性和各向异性。该类地层由于成岩作用差，结构较为松散，胶结物多为砂质和泥质，并且砾石粒径大小不一，形状各异，总体分选性差。对于由粗颗粒及细颗粒物质组成的砂砾石层，要从研究它的密度、含水率、粒度分布特征、级配、渗透性及宏微观结构等物理性质出发，并且需掌握它的强度参数等力学特性，以便为工程勘察、设计、施工提供科学依据。采取室内物理力学特性试验并结合现场试验便可确定这些基本参数。由于砂砾层颗粒间胶结性质差，砾石粒径分布范围大，现场取样相当困难，无法采用常规的三轴压缩试验仪进行三轴力学试验。同时，新疆沙吉海矿区尚无大型矿井开采的先例，该区域内的中生代砂砾地层围岩基本物理力学特性、破坏规律等基础研究尚属空白，因此，通过室内试验既可以探索砂砾石层物理力学性质的普遍规律，又可以为新疆沙吉海矿区矿井巷道掘进和支护提供服务。

所涉及的试验内容包括密度测试、含水率测试、筛分析试验、粒度统计、大型三轴试验、矿物成分及微观结构测试等，试验样品取自新疆沙吉海煤矿爆破材料库、永久避难硐室、轨道石门等地点，所涉及的仪器设备主要为常规物理性质试验设备以及适用于粗粒料三轴剪切的大型多功能静动三轴试验机。

2.1 砂砾石含水率及密度特征

2.1.1 试样概况

根据试验内容及试验要求，在现场不同地点（主要为爆破材料库、永久避难硐室、仓顶硐室）进行了砂砾石样品的采集并及时封存。样品所取地点的埋深范围为 300～340 m，主要为砂砾石散体样品及砂砾岩块。永久避难硐室位置的砂砾层底部夹有煤线，使得部分样品略呈黑色。样品具体情况见表 2-1，实物图见图 2-1。

表 2-1　试验样品情况

样品编号	取样地点	名　称	数　量	备　注
1#	爆破材料库	砂砾石	1	样品较为松散，含水量高，细粒主要为中砂，有少量泥质成分
2#	爆破材料库	砂砾石	1	
3#	永久避难硐室	砂砾石	1	
4#	永久避难硐室	砂砾石	1	
5#	仓顶硐室	砂砾石	1	
1-1#	爆破材料库	砂砾岩块	1	砂砾层上部岩层为含水中砂岩
1-2#	爆破材料库	砂砾岩块	1	砂砾层上部岩层为含水中砂岩
1-3#	永久避难硐室	砂砾岩块	1	砂砾层底部夹有煤线
1-4#	永久避难硐室	砂砾岩块	1	砂砾层底部夹有煤线
1-5#	仓顶硐室	砂砾岩块	1	—

1-1#样　1-2#样

1-3#样　1-4#样

1-5#样　1#样

图 2-1　现场采集的砂砾石样品

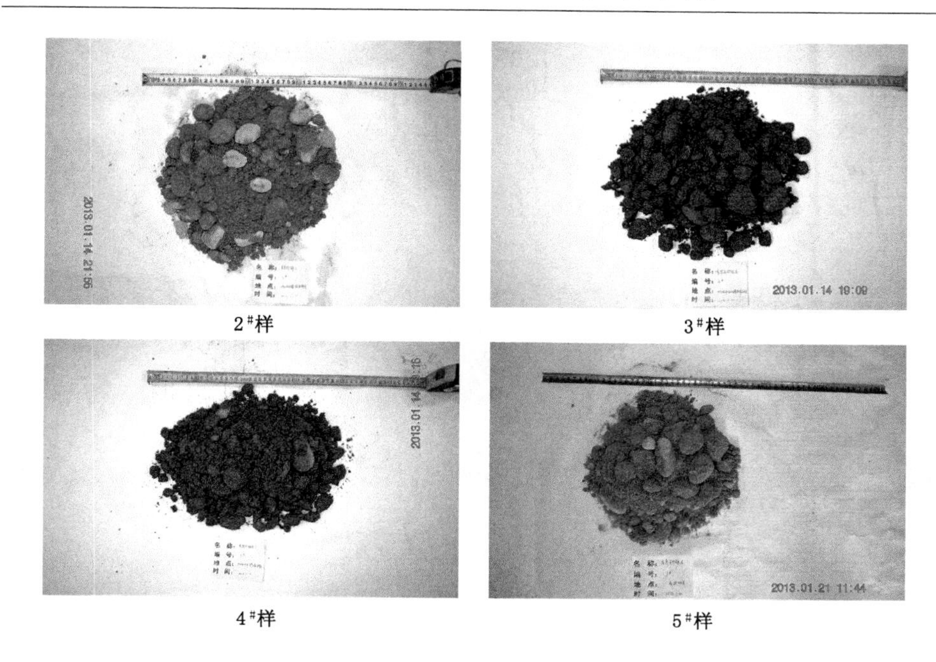

图 2-1(续)

2.1.2　含水率及密度测试

砂砾石的工程性质与其密度、含水率有密切的联系，在工程中常将密度和含水率作为重要的技术指标，同时，含水率、密度等物理参数的测定是进行大型三轴压缩试验样品制备、数值试验等的基础性工作，可为后续研究提供参考依据。因此，下面介绍对所采集样品进行的密度、含水率室内测试[110-111]。

(1) 含水率

含水率可间接地反映松散介质空隙的多少及密实程度等特性，为了避免水分的散失和蒸发，保证所测样品含水率的真实性，在现场将样品及时进行了蜡封。

含水率试验采用烘干法(图 2-2)，主要仪器为烘箱、天平、称量盒。本次试验取用 3 个样品分别进行，结果取平均值。先取试样放入称量盒内，立即盖好盒盖称量，将试样放入烘箱在 105～110 ℃温度下烘干到恒重。然后将烘干后的试样取出，冷却至室温称试样的质量。将试样烘干前后的质量代入公式(2-1)，即可计算出试样的含水率(表 2-2)。

$$w=\left(\frac{m}{m_d}-1\right)\times 100\% \tag{2-1}$$

式中　w——含水率；

m——试样烘干前的质量，g；

m_d——试样烘干后的质量，g。

(a) 烘箱

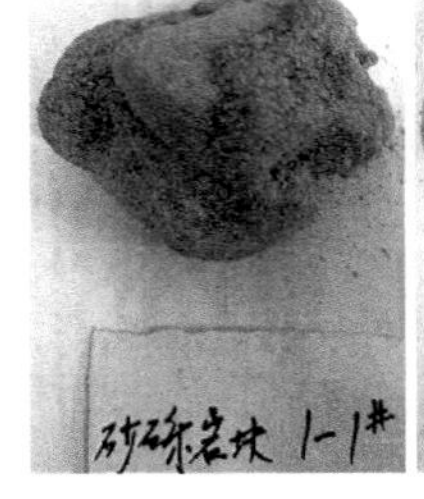

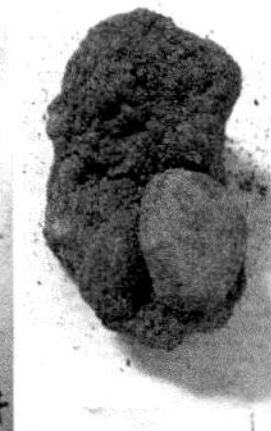

(b) 烘干后的样品

图 2-2　砂砾石样品烘干

表 2-2　含水率计算结果

试样编号	天然质量/g	烘干后质量/g	水的质量/g	含水率/%	均值/%
1-1#	237.37	216.46	20.91	9.66	12.35
1-2#	169.15	152.24	16.91	11.11	
1-4#	260.63	224.15	36.48	16.27	

(2) 密度

由于砂砾石试样易碎裂，形状极不规则，故采用蜡封法进行密度测试。主要仪器设备为天平、烧杯、温度计，本次试验同样取用 3 个样品(图 2-3)分别进行，结果取平均值。先将试样系于细线上称量，持线将试样徐徐浸入刚过熔点的蜡中待全部沉浸后立即将试样提出，冷却后称样品加蜡质量(图 2-4)。用线将试样吊在天平一端并使试样浸没于纯水中称量。将 3 次所称得的质量代入式(2-2)便可求出试样的密度(表 2-3)。

$$\rho=\frac{m}{\dfrac{m_1-m_2}{\rho_w}-\dfrac{m_1-m}{\rho_n}} \tag{2-2}$$

式中　ρ——密度，g/cm³；

m——天然状态试样的质量，g；

m_1——试样加蜡的质量，g；

m_2——试样加蜡在水中的质量，g；

ρ_w ——水的密度，g/cm³；

ρ_n ——蜡的密度(0.92)，g/cm³。

$$\rho_d = \frac{\rho}{1 + 0.01w} \tag{2-3}$$

式中　w ——含水率，%；

ρ_d ——干密度，g/cm³。

图 2-3　蜡封后的试样

图 2-4　水中称重图

表 2-3　密度计算结果

试样编号	m/g	m_1/g	m_2/g	ρ/(g/cm³)	ρ_d /(g/cm³)	$\bar{\rho}$ /(g/cm³)
1-1#	237.37	275.37	108.6	1.90	1.74	1.79
1-2#	169.15	191.21	76.9	1.88	1.68	
1-4#	260.63	286.12	94.6	1.49	1.37	

由表 2-3 可以看出，砂砾石的天然含水率较高，富含水分较多，在一定程度上反映了砂砾层的固结程度不高，这是受上覆强富水砂岩含水层的影响。还可以看出，砂砾层的密度、干密度变化较大，主要是受岩性、胶结类型、颗粒分布方式的影响。同时从平均密度的数值来看，砂砾石的整体表观密度比砾石(2.65～2.75 g/cm³)、砂(2.63～2.70 g/cm³)的要明显低很多，说明砂砾石层的孔隙度较高，砾石间的填充物胶结程度较差，沉积后所受的固结压力不大。

2.2　砂砾石粒度分布特征

2.2.1　概述

砂砾石地层是由大小不等的颗粒相互混杂而成的非均匀混合体，对其的研究建立在对颗粒的尺寸、粒度分布规律、结构分布等几何形态研究的基础上，其重要的特征参数主要包括粒度、孔隙及渗透系数等。

2.2.1.1 *砂砾石的粒度*

研究砂砾石等粒状介质的渗流力学特性时，因为其颗粒的外形都是不规则的，所以一般都将其简化为均匀连续介质，用有效直径 D_0 计算体积。在确定砂砾石颗粒有效直径时，不仅砂砾石颗粒的大小起作用，而且粗细颗粒之间颗粒分布的均匀程度也起作用。一般来说可以用两种模型来分别分析其颗粒的有效粒径[112-113]。

(1) 第一种模型如图 2-5 所示，由粗细不同的颗粒组成，组成方式是最小颗粒不小于给定介质中最大颗粒之间的孔隙截面尺寸，最小颗粒不能填满粗颗粒之间的孔隙。这种模型的颗粒有效直径可以取全颗粒的平均值。

$$D_0 = \frac{\sum (Dq)}{100} \tag{2-4}$$

式中 D ——颗粒直径；

q ——小于某颗粒直径的砂砾石质量百分数。

(2) 第二种模型如图 2-6 所示，是地层内较小颗粒直径都小于粗颗粒之间的孔隙截面，细颗粒填满了粗颗粒之间的孔隙，充填的密实程度取决于细颗粒含量百分比和大小等级分布特征。当细颗粒含量较小时，属于第二种模型，这种介质在自然界较为普遍。在这种模型中，颗粒有效直径与粗颗粒孔隙被细颗粒所充填的状态有关。

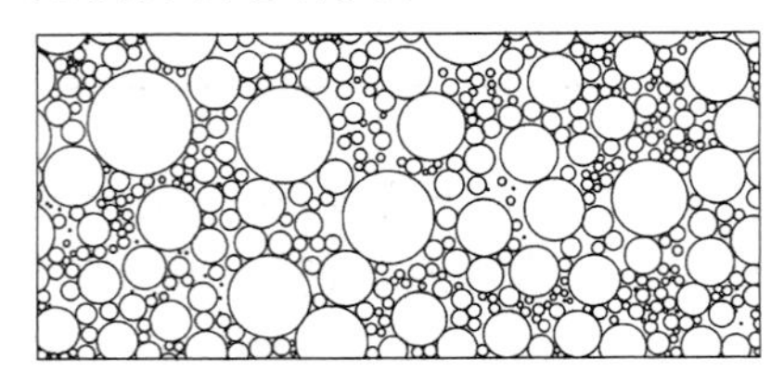

图 2-5 第一种模型

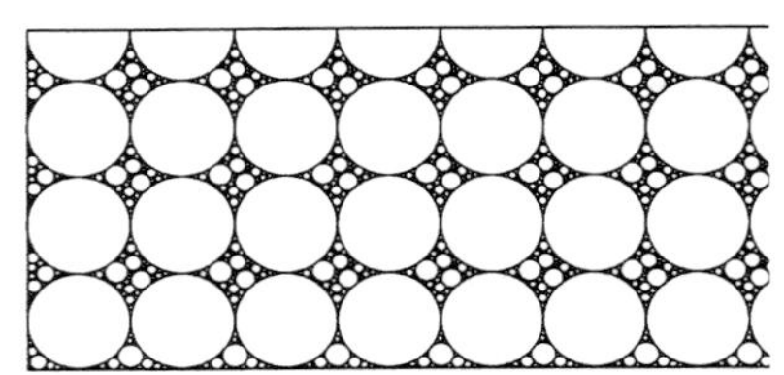

图 2-6 第二种模型

这种模型在抽象为数学模型时，假定介质的骨架由形成最大数量孔隙的粗颗粒组成，并且体积孔隙率为 n_{max}，细颗粒充填孔隙率为 n，则细颗粒含量百分数为：

$$B_{min} = \frac{100 n_{max}(1-n)}{1-n \cdot n_{max}} \tag{2-5}$$

其颗粒成分曲线如图 2-7 所示，颗粒有效直径可用下式计算

$$D_0 = \frac{\sum(Dq)}{B_{\min}} \tag{2-6}$$

式中　D——颗粒直径(在试样的最小粒径到 $B_{\min}$ 对应的粒径区间取值)。

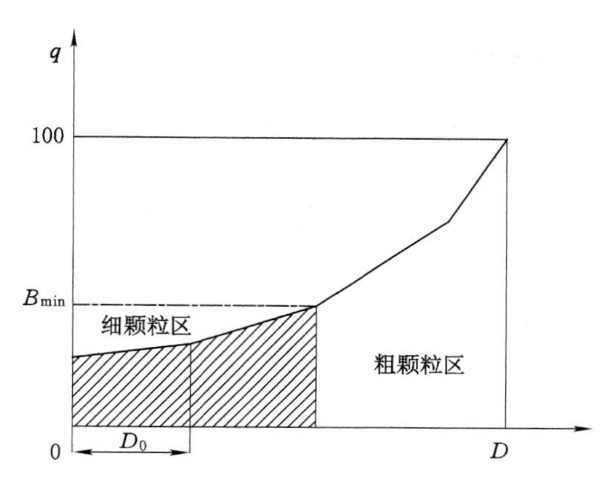

图 2-7　两种模型的颗粒成分曲线

2.2.1.2　*砂砾石的孔隙*

研究粒状的孔隙,同样可以将其简化为均匀连续介质,等积体间的孔隙体积用等量的球体来表示,该球体的直径称为孔隙直径(d_0)。孔隙直径也是决定浆液在粒状介质中渗透能力的重要参数之一。它是孔隙率和颗粒有效直径的函数,即:

$$d_0 = f(n, D_0) \tag{2-7}$$

经过大量试验,它们的关系有以下几种:

① 对于理想的圆形粒状介质,一般表达式为

$$d_0 = 0.855D_0 \frac{n^{0.725}}{(1-n)^{0.5}} \tag{2-8}$$

② 对于均匀砂,孔隙直径

$$d_0 = 1.25nD_0 \tag{2-9}$$

③ 对于石英砂,当粒径为$(1\sim3.15)\times10^{-3}$ m 时为

$$d_0 = 0.84nD_0 + 0.13\times10^{-3} \tag{2-10}$$

④ 对于碎石,当粒径为$(3.15\sim9.2)\times10^{-3}$ m 时为

$$d_0 = 0.64nD_0 + 0.38\times10^{-3} \tag{2-11}$$

粒度分析是研究颗粒粒度分布特征的重要手段,它可为现场砂砾石层的分级及钻进性、后续相关室内试验研究提供准确的颗粒级配数据,并为砂砾石的分选性、渗透性分析提供重要依据,因此,进行粒度分析具有很重要的意义。粒度

分析的方法很多，常用的有直接测量法、筛分析法、水析法、激光粒度分析法等。本次试验将采用直接测量结合筛分析法、现场试验结合室内试验的方法对新疆沙吉海煤矿中生代砂砾石层的粒度分布特征进行研究。

2.2.2 现场砾石粒径统计

沙吉海煤矿中生代砂砾石层中的砾石颗粒分布不均，形状各异，有球体、扁圆体、扁长体及长圆体等。砾石的粒度分布不仅与地层的孔隙度、渗透性密切相关，而且对地层的钻进性影响很大，因此，进行现场砾石的粒度分析是一项重要的基础工作。粒度分析就是量测颗粒的大小，并按粒级分组，分别计算各粒组颗粒的质量百分比。本次现场测试采用直接量测方法，在矿井已揭露砾石的不同地点随机选取 150 个砾石进行粒径统计，如图 2-8 所示。首先量测每个砾石的 a 轴(长径)、b 轴(中径)和 c 轴(短径)的长度，然后依据粒径分组，计算出各粒组的累积质量百分比，并统计制成图表。各试样的粒度统计数据见表 2-4 和表 2-5。各试样砾石的 a 轴频率分布柱状图及 a 轴累积曲线图分别见图 2-9 和图 2-10。

图 2-8　现场砾石分组

表 2-4　各试样粒度组分特征值

试样编号	a 轴/mm			b 轴/mm			c 轴/mm		
	区间值	峰值	均值	区间值	峰值	均值	区间值	峰值	均值
L-1#	10.51～79.02	76～79	35.46	8.37～52.83	50～52	25.7	5.53～40.21	38～40	17.91
L-2#	14.45～65.58	64～65	32.92	9.08～56.17	63～56	24.09	4.73～37.2	35～37	16.64
L-3#	10.67～75.29	73～75	29.81	9.29～50.49	47～50	21.62	6.55～42.42	40～42	15.41
L-4#	12.76～73.8	71～73	29.73	8.93～47.65	44～47	22.65	6.79～40.72	39～40	16.39
L-5#	16.77～67.03	66～67	33.08	11.86～41.95	39～41	23.57	5.86～42.63	40～42	17

表 2-5 各试样的砾石粒度特征

参数符号	试样编号					均值/mm
	L-1#	L-2#	L-3#	L-4#	L-5#	
d_a/mm	35.46	32.92	29.81	29.73	33.08	32.2
d_b/mm	25.7	24.09	21.62	22.65	23.57	23.53
d_c/mm	17.91	16.64	15.41	16.39	17	16.67
d/mm	25.37	23.63	21.50	22.26	23.67	23.29
d_{a50}/mm	48	47	40	38	45	43.6
d_{b50}/mm	38.5	39	32	31.5	35	35.2
d_{c50}/mm	30	31	22	25	29	27.4
d_{50}/mm	38.13	38.45	30.42	31.05	35.75	34.76
S_a	1.17	1.22	1.54	1.34	1.36	1.33
S_b	1.2	1.23	1.55	1.35	1.41	1.35
S_c	1.21	1.58	1.56	1.37	1.47	1.44

表 2-5 中 d 为砾石的平均粒径，d_a、d_b、d_c 为砾石各轴的平均粒径，$d=(d_a\ d_b\ d_c)^{1/3}$。d_{a50}、d_{b50}、d_{c50}分别为砾石 a 轴、b 轴、c 轴的累积频率曲线上 50% 百分比所对应的粒径，$d_{50}=(d_{a50}\ d_{b50}\ d_{c50})^{1/3}$。$S_a$、$S_b$、$S_c$分别为砾石 a 轴、b 轴、c 轴的分选系数，根据累积频率曲线上的四分位数（d_{25}、d_{75}）求得，$S_a=(d_{a75}/d_{a25})^{1/2}$，$S_b=(d_{b75}/d_{b25})^{1/2}$，$S_c=(d_{c75}/d_{c25})^{1/2}$。

在沉积物粒度分析中粒度参数的种类较多，主要有中值、分选系数、对称系数和峰度系数，采用特拉斯克所提出的粒度参数计算式[114-117]，见式(2-12)～式(2-15)。

$$M_d = P_{50} \tag{2-12}$$

$$M_0 = \frac{P_{25}}{P_{75}} \tag{2-13}$$

$$SK = \frac{P_{25} \cdot P_{75}}{M_d^2} \tag{2-14}$$

$$K = \frac{P_{75} - P_{25}}{2(P_{90} - P_{10})} \tag{2-15}$$

式中 M_d ——中值；

M_0 ——分选系数；

SK ——对称系数；

K ——峰度系数;

P ——百分位粒径,mm。

从各试样的砾石粒度数据(表 2-5)和粒径频率分布图(图 2-9、图 2-10)可以看出,平均砾径较中值粒径明显小,表明众值靠近粒径较小的砾石。砾石的粒径主要分布在 20～50 mm 之间,最小粒径为 4.73 mm,最大粒径达 79.02 mm,并且分选系数在 1.33～1.44 之间,表明砾石的粒径分布区间宽,但是分选性较差,颗粒尺寸很不均匀,粒径较大的砾石少,离散性大,在各试样粒径 a 轴柱状图上可以清楚地看到这一点。因此,可以得出砂砾石层砾石粒度变化范围大、分布广、离散性大、分选性较差的粒度特征。

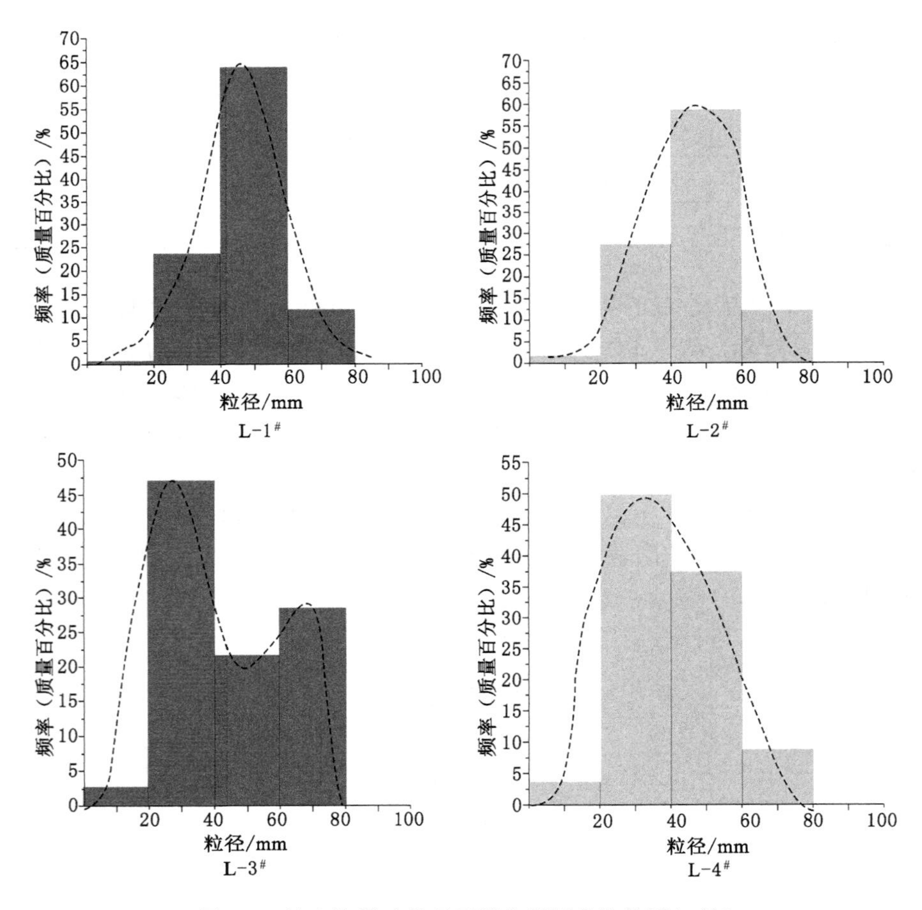

图 2-9 沙吉海煤矿砂砾石层粒径频率柱状图(a 轴)

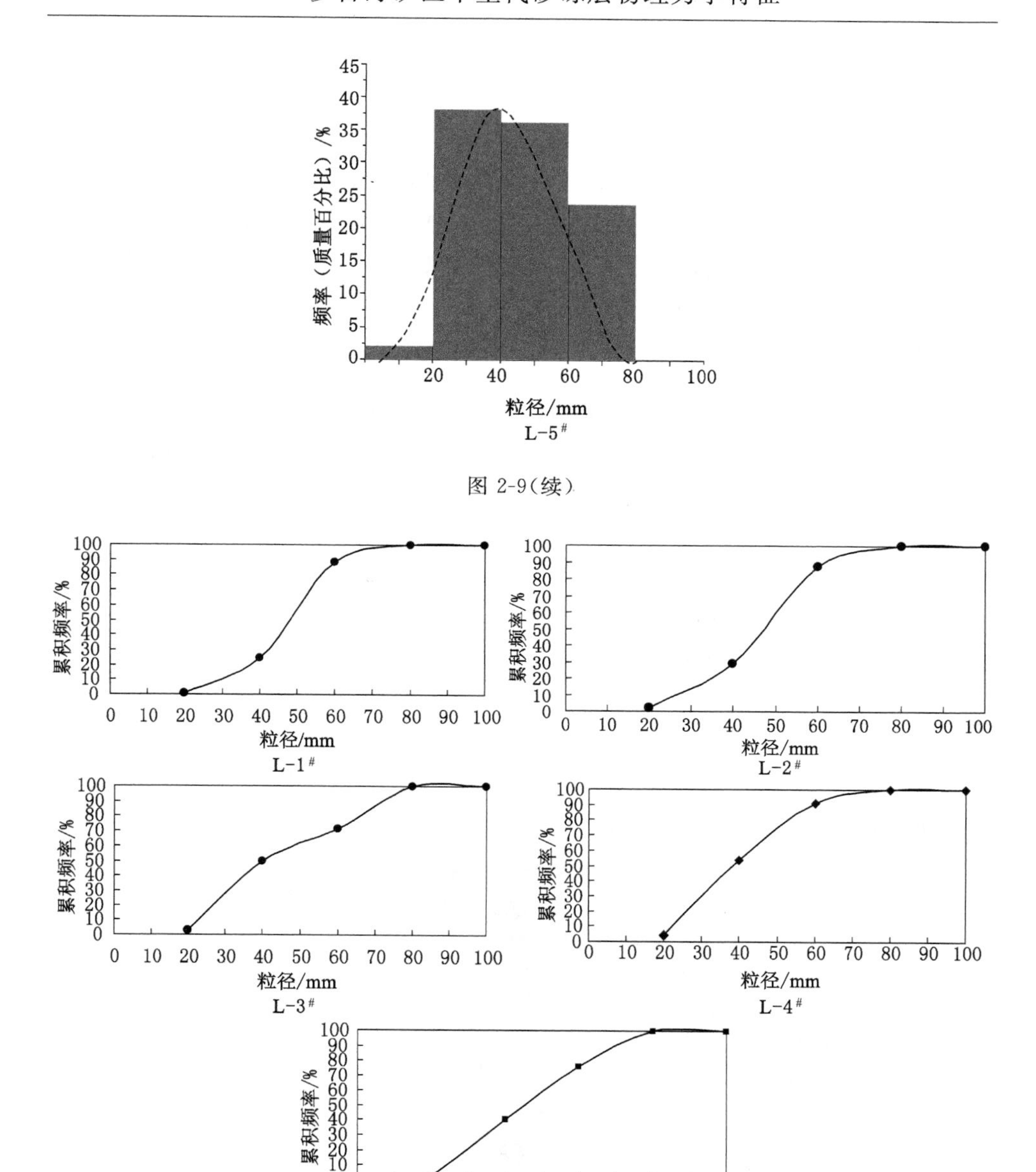

图 2-9(续)

图 2-10　沙吉海煤矿砂砾石层砾石累积频率曲线图(a 轴)

2.2.3 室内筛分析试验

2.2.3.1 试验样品及仪器设备

对于砂和砾石而言，采用颗粒筛分析试验是进行粒度分析简便而又较精确的办法，故在本研究中亦采用了该方法。在新疆沙吉海煤矿仓顶硐室、永久避难硐室、爆破材料库等不同地点及不同深度处选取5份典型的砂砾石层试样，进行了颗粒筛分析试验，试样颗粒尺寸均小于200 mm，各试样的取样位置和试样质量等参数如表2-6所示。

表 2-6 砂砾石层筛分试样参数

试样编号	取样地点	天然质量/g	烘干后质量/g	含水率/%
1#	爆破材料库	5 444.35	5 244.35	3.81
2#	爆破材料库	4 396.33	4 137.12	6.27
3#	永久避难硐室	4 680.70	4 364.53	7.24
4#	永久避难硐室	3 244.82	2 967.45	9.35
5#	仓顶硐室	2 615.49	2 455.60	6.51
均值	—	4 076.34	3 833.81	6.64

试验涉及的主要仪器和工具有标准试验筛（粗筛和细筛）、台秤、电子天平、振筛机和烘箱等，如图2-11所示。

图 2-11 筛分试验仪器

2.2.3.2 试验过程[110]

根据试验要求，最大粒径达到60 mm及以上时，试样质量要求大于4 000 g。对所取的代表性试样称量准确至0.1 g，烘干至恒重，并计算出各试样的初始含水率、干密度等，为后续的室内试验提供参考数据。然后将试样倒入依次序叠好的粗筛的最上层筛中，取2 mm筛下试样倒入依次序叠好的细筛最上层筛中，进行筛析，细筛宜放在振筛机上振摇10～15 min。最后分别称量留在各筛上的试样，结果数据见表2-7。

表2-7 沙吉海矿中生代砂砾石层颗粒组成

粒组/mm	1#试样颗粒组成			2#试样颗粒组成			3#试样颗粒组成		
	含量/g	百分比/%	累积百分比/%	含量/g	百分比/%	累积百分比/%	含量/g	百分比/%	累积百分比/%
0～0.075	97.89	1.87	1.87	51.43	1.24	1.24	58.05	1.33	1.33
0.075～0.15	150.44	2.87	4.74	94.45	2.28	3.52	100.38	2.30	3.63
0.15～0.315	282.89	5.39	10.13	136.59	3.30	6.82	189.42	4.34	7.97
0.315～0.6	531.25	10.13	20.26	403.76	9.76	16.58	361.82	8.29	16.26
0.6～2.36	436.67	8.33	28.59	401.64	9.71	26.29	334.90	7.67	23.93
2.36～4.75	278.68	5.31	33.90	195.62	4.73	31.02	182.44	4.18	28.11
4.75～9.5	286.15	5.46	39.36	222.18	5.37	36.39	372.33	8.53	36.64
9.5～16	255.64	4.87	44.23	258.41	6.25	42.64	224.77	5.15	41.79
16～26.5	1 081.91	20.63	64.86	833.42	20.14	62.78	1 071.86	24.56	66.35
26.5～37.5	1 119.55	21.35	86.21	989.74	23.92	86.71	996.86	22.84	89.19
>37.5	723.28	13.79	100.00	549.88	13.29	100.00	471.80	10.81	100.00

粒组/mm	4#试样颗粒组成			5#试样颗粒组成		
	含量/g	百分比/%	累积百分比/%	含量/g	百分比/%	累积百分比/%
0～0.075	41.19	1.39	1.39	23.62	0.96	0.96
0.075～0.15	67.02	2.26	3.65	86.55	3.52	4.48
0.15～0.315	127.47	4.30	7.94	163.45	6.66	11.14
0.315～0.6	233.76	7.88	15.82	229.73	9.36	20.50
0.6～2.36	196.96	6.64	22.46	99.65	4.06	24.55
2.36～4.75	157.20	5.30	27.76	75.62	3.08	27.63
4.75～9.5	258.67	8.72	36.47	122.48	4.99	32.62
9.5～16	309.57	10.43	46.91	166.14	6.77	39.39
16～26.5	762.22	25.69	72.59	576.45	23.47	62.86
26.5～37.5	471.96	15.90	88.50	763.45	31.09	93.95
>37.5	341.43	11.51	100.00	148.46	6.05	100.00

2.2.3.3　试验数据整理

依据颗粒筛分析试验结果数据，以小于某粒径的试样质量占试样总质量的百分数为纵坐标，以颗粒粒径对数为横坐标绘图，即得到沙吉海矿中生代砂砾石层的颗粒大小分布曲线(见图 2-12)，并以颗粒粒组为横坐标绘制出各粒组的质量百分数直方图，如图 2-13 所示。

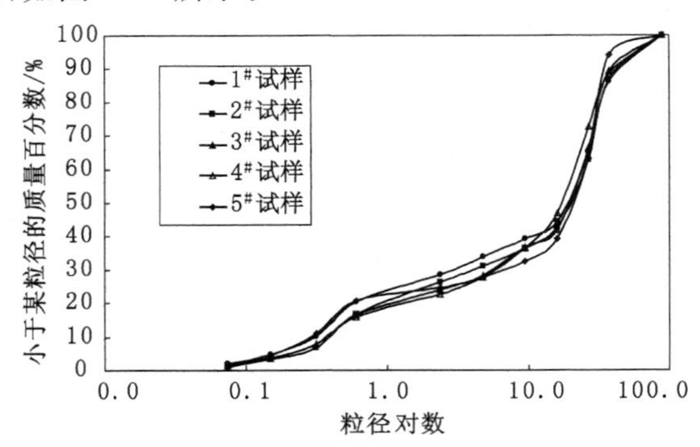

图 2-12　沙吉海矿砂砾石层颗粒级配曲线

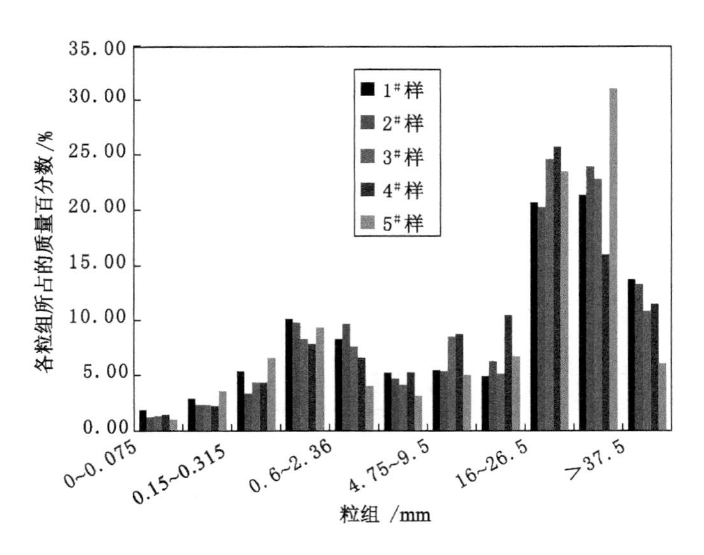

图 2-13　沙吉海矿砂砾石层各粒组所占百分比

2.2.3.4　结果分析

从图 2-12 中可以得到，小于 5 mm 的细颗粒含量为 31%，即大于 5 mm 粗粒的含量为 69%，同时可以计算得到 $d_{60}=25$ mm，$d_{30}=4.95$ mm，$d_{10}=0.78$，由

此可得到不均匀系数 $C_u = d_{60}/d_{10} = 32.05$，曲率系数 $C_c = d_{30}/(d_{10}\ d_{60}) = 1.26$。由计算结果可以看出，砂砾石的不均匀系数 $C_u > 5$ 且 C_c 在 1～3 之间，同时满足这两个条件，说明其颗粒级配良好，而其曲率系数 C_c 在 1～3 之间，也说明砂砾石层的粒径分布范围较大。因此，沙吉海矿中生代砂砾石层属于颗粒粒径分布范围相对较大、级配良好的地层。依据粗颗粒土的命名标准，粗颗粒（$P_5 > 5$ mm）的含量占总量的 70%以上为砾石层，粗颗粒含量占总量的 30%～70%时为砂砾石层，粗颗粒的百分比含量小于 30%时为砾质土层，由上述 5 件典型试样的筛分析试验结果数据可得颗粒粒径大于 5 mm 的百分含量占近 70%，因此该地层确定为砂砾石层。

2.3 砂砾石强度特征

新疆沙吉海煤矿中生代砂砾石层岩性较差，胶结度低，在工程现场钻孔施工中遇到钻进难的问题，而目前本区内尚未对该地层进行较系统、深入的研究，其力学参数、强度特征尚不明确，砾石及砂砾层的力学强度对锚孔的钻进性、巷道围岩稳定性的影响，是亟待解决的重要问题。由于砂砾石地层结构分布的高度非均质性及复杂性，加上现场钻取样品相当困难，成芯率极低，试验将对单个砾石的强度、砂砾石的三轴抗压强度进行测试，为后续的室内试验、数值试验、钻进性及围岩稳定性分析提供基础参数与科学依据。

2.3.1 砾石点荷载试验

2.3.1.1 试验仪器与方法[118-119]

采用点荷载试验仪（图 2-14）进行试验，首先分别测试并求出单个砾石的点荷载强度参数 I_s 和 I_{50}，然后换算为单轴抗压强度 σ_c，选取国际岩石力学学会的建议换算系数 22，即 $\sigma_c = 22I_{50}$。具体计算公式如下：

$$
\begin{aligned}
I_s &= P/D_e^2 \quad &(1)\\
D_e^2 &= 4WD'/\pi \quad &(2)\\
I_{50} &= I_s \times F \quad &(3)\\
F &= (D_e/50)^{0.45} \quad &(4)\\
\sigma_c &= 22 \times I_{50} \quad &(5)
\end{aligned}
\tag{2-16}
$$

式中 I_s——未经修正的岩石点荷载强度，MPa；

P——破坏荷载，N；

D_e——等价岩芯直径，mm；

D'——上下锥端发生贯入后，试件破坏瞬间的加荷点间距，mm；

W——通过两加荷点最小截面的宽度(或平均宽度),mm;

I_{50}——经尺寸修正后的岩石点荷载强度指数,MPa;

F——修正系数;

σ_c——岩石单轴抗压强度,MPa。

图 2-14　点荷载试验仪

2.3.1.2　试验结果与分析

根据工程现场砂砾石地层揭露的砾石情况,该区的砾石主要有灰白色和青黑色 2 种,随机选取了符合试验要求的灰白色和青黑色砾石各 100 个进行了点荷载测试,测试结果如图 2-15 和表 2-8 所示。

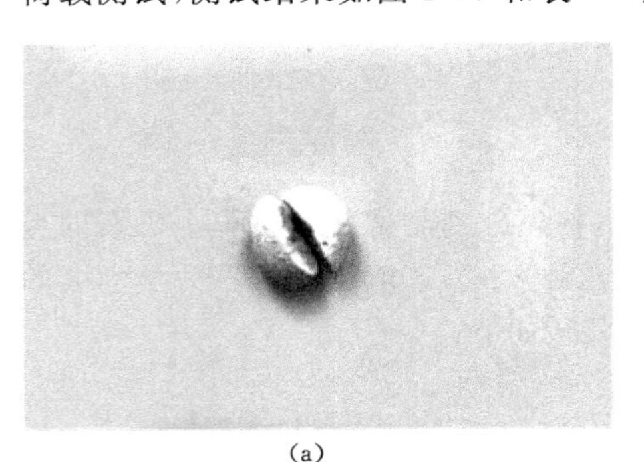

(a)

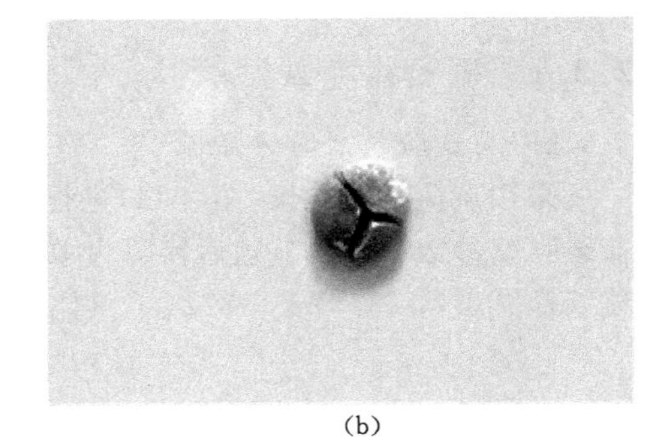

(b)

图 2-15　试验后的砾石

表 2-8　砾石点荷载测试结果

砾石名称	I_{50} 区间值/MPa	I_{50} 平均值/MPa	σ_c 区间值/MPa	σ_c 平均值/MPa
灰白砾石	1.48～9.59	4.83	32.6～210.98	106.28
青黑砾石	5.41～13.91	10.23	119.09～305.91	225.15

从砾石点荷载试验结果可以看出，砾石的抗压强度很高，而灰白色砾石和青黑色砾石的单轴抗压强度相差较大，青黑色砾石的强度是灰白色砾石的 2 倍多。灰白色砾石的平均强度在 100 MPa 以上，最大值为 210.98 MPa；青黑色砾石的单轴抗压强度一般在 200 MPa 以上，最大值可达 305.91 MPa，平均值为 225.15 MPa，普氏系数远大于 20。通过对青黑色砾石进行现场统计，可以发现青黑色砾石体积占总砾石体积的 60%，因而，大量高强度不规则的青黑色砾石夹杂一些强度并不高的颗粒分布于该地层中，使得地层的强度分布更为不均匀。

2.3.2　砂砾石三轴压缩试验

2.3.2.1　大型三轴试验基本原理[120-121]

砂砾石的三轴压缩强度是其强度特征的重要指标，是进行砂砾石巷道围岩稳定性分析的重要依据。由于现场砂砾石胶结性差、结构松散、砾石中难以钻进，原状样品的钻取十分困难，并且砾石的粒度范围宽，分布不均，采用常规的小型三轴仪不能满足试验需求，因而试验研究常采用大型三轴试验仪进行力学试验，以测定砂砾石的三轴压缩强度及变形特性。

大型三轴压缩试验的基本原理和常规三轴压缩试验的相同，只是试验对象是颗粒分布较广、粒径较大的砂砾石，仪器的规模和试样的尺寸也较大。试验原理是首先对试样施加围压 σ_3，进行固结排水（CD 试验），逐渐施加轴力 σ_1 进行剪切直至破坏。试样受等向压力 σ_3 时，应力圆为一点；随着主应力差 $\sigma_1-\sigma_3$ 的增大，应力圆随之扩大，最后依据破坏时的大、小主应力绘制强度包络线，求出强度指标。

2.3.2.2　试验设备

本次试验应用清华大学水沙科学与水利水电工程国家重点实验室的大型多功能三轴试验机，如图 2-16 所示。该试验机不但能进行粗颗粒土、软岩、碎屑岩的单轴压缩试验，还可进行单独渗透试验以及渗流-应力耦合试验。加载控制可采用应力控制、应变控制及试验过程中可相互转换。

设备的主要技术指标如下：

试件尺寸（mm×mm）：ϕ90×150，ϕ150×300，ϕ300×750；

轴向静载荷（kN）：2 000；

轴向动载荷（kN）：1 000；

压力室静围压（MPa）：10；

压力室动围压（MPa）：3；

频率范围（Hz）：0～10；

地震波类型：正弦波或任意波；

最大行程(mm):300;

孔隙压(MPa):10;

力值控制精度:1%;

位移控制精度:1%;

压力控制精度:1%;

压力源流量(L/min):400;

油源压力(MPa):21。

图 2-16 大型多功能三轴试验机

2.3.2.3 试样制备

大型三轴试样的尺寸为 ϕ300 mm×700 mm,而所用试验仪器所允许的最大粒径不能超过 60 mm,由于沙吉海矿砂砾层中粗粒含量(>5 mm)为 69%,最大粒径已远超出 60 mm,故需对超粒径的砾石进行处理,试验中采取剔除与等量替代相结合的综合法。原状样品与级配试样的颗粒组成如表 2-9 所示,原状样品与级配试样的颗粒分布曲线如图 2-17 所示。由图可知,试样的级配与现场砂砾石的级配较接近,试样能反映原状砂砾石的级配性质。依据所测定的现场砂砾石的密度和含水率,在钢模内将试样分 5 层压实,然后对制备好的试样进行直径和高度的量测。

表 2-9 原状样品与级配试样的颗粒组成

原状样品	粒径/mm	0.075	0.15	0.315	0.60	2.36	4.75	9.50	16.00	26.50	37.50	60
	累积百分比/%	1.36	4.00	8.80	17.88	25.17	29.69	36.30	42.99	67.89	88.91	100
级配试样	粒径/mm	0.05	0.25	0.5	1	5	10	20	30	40	50	60
	累积百分比/%	1	10	22.17	27.33	36.76	42.64	57.21	77.53	89.37	99.93	100

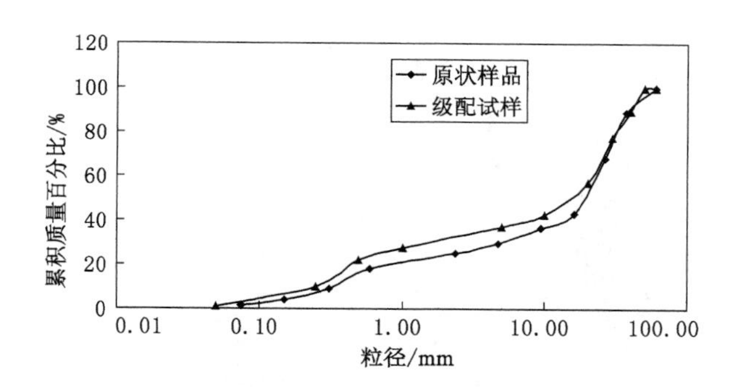

图 2-17 原状样品与级配试样的颗粒分布曲线

2.3.2.4 试验方案

依据现场的实际，考虑砂砾的含水情况进行 3 组不同含水率的三轴试验，每组试样分别在围压 0.5 MPa、1 MPa、1.5 MPa 下进行加载，试验加载速率设为 1.5 mm/min。具体的试验方案见表 2-10。

表 2-10 大型三轴试验方案

试验组号	含水率/%	试样个数	试验类别	加载速率	试验数据
1#	0	3	CD	1.5 mm/min	$\sigma_1-\sigma_3$、ε_1、ε_v
2#	10	3	CD	1.5 mm/min	$\sigma_1-\sigma_3$、ε_1、ε_v
3#	21(饱和)	3	CD	1.5 mm/min	$\sigma_1-\sigma_3$、ε_1、ε_v

2.3.2.5 试验过程

试样制备好以后，在压力室底座上先后装上不透水板、试样及试样盖板，并将试样的橡皮膜两端分别与底座、盖板捆绑紧，防止漏水，然后罩上压力室，并向压力室内注满水，关闭排气阀，打开周围压力阀，开始慢慢地施加围压。围压加到预定值后，设定好加载速率，开始施加轴向力，直到试样被剪切破坏。

2.3.2.6 试验结果与分析

(1) 试样破坏后的形态

图 2-18 所示为在围压为 0.5 MPa 下不同含水率试样的破坏情况，可以看出，不同含水率的试样在三轴剪切后的破坏形态有明显的不同。随着含水率的增加，试样的剪胀有所降低，侧向变形减小。

(2) 应力-应变关系

从图 2-19 中可以看出：

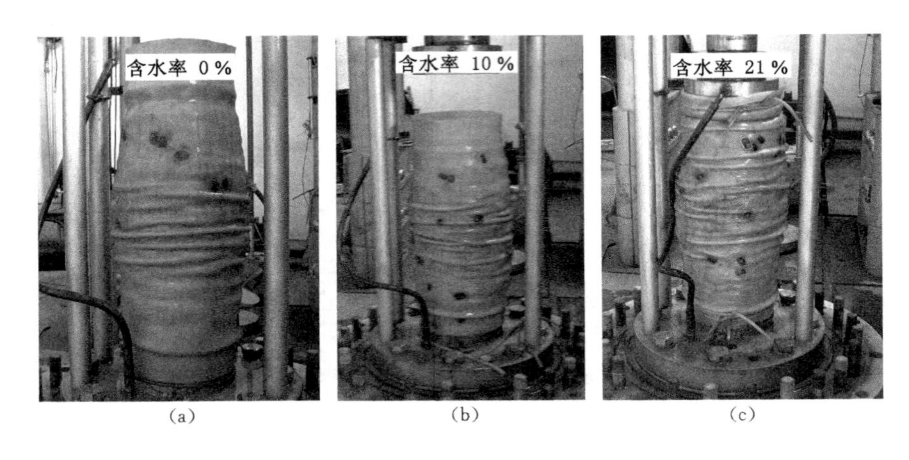

图 2-18 破坏后的试样

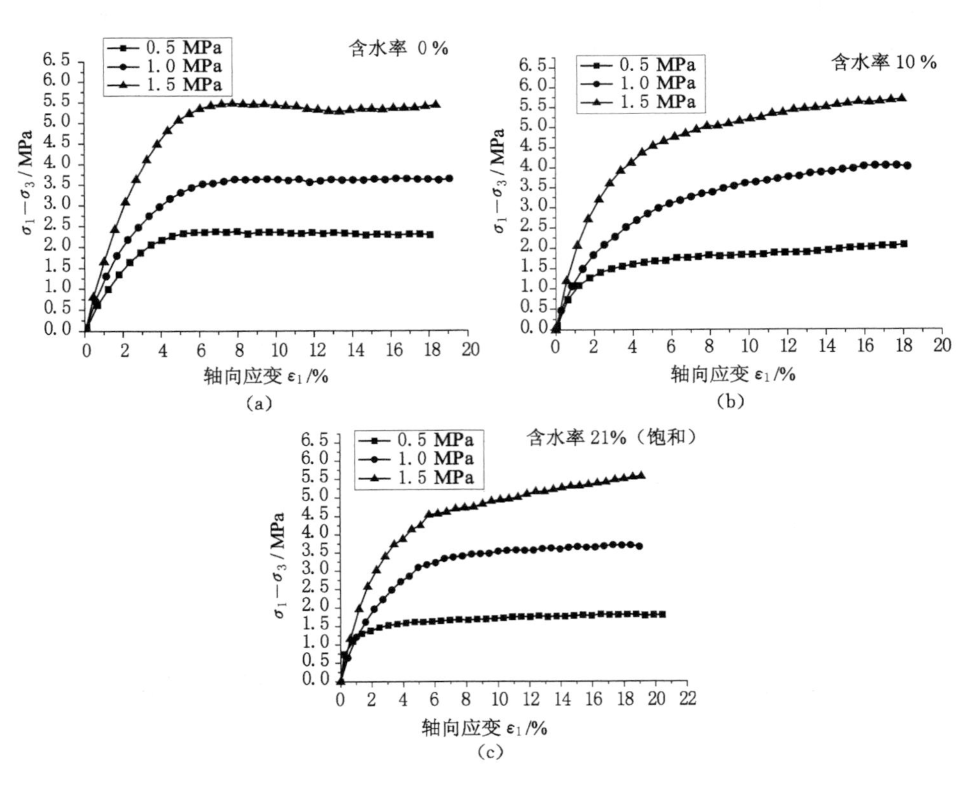

图 2-19 不同围压时应力-应变关系曲线

① 试样破坏时轴向应变为18%～21%，并没有像细颗粒岩土介质那样变形显著。试样峰值主应力随围压的增大而增加，应力-应变曲线总体发展趋势明显，在加载初期一般变形较大，曲线呈上凸型。

② 在位移控制的试验条件下，试样在达到屈服极限以前，轴向应力随着应变的增加而增加，而当试样达到屈服极限后，轴向应变继续匀速增加时，轴向应力增加速度很慢，甚至出现轴向应力基本不变或减小的情况。这说明在围压一定的条件下，轴向应力达到一定的数值(屈服极限)后，在轴向应力变化不大的情况下，砂砾石也将产生持续的变形，在巷道围岩控制的工程实践中，表现为支护阻力(围压)一定的条件下，巷道围岩产生持续的变形，表明砂砾层巷道围岩的变形具有一定的时效性。

③ 在含水率相同的条件下，随着围压的增大，轴向应力屈服点相应增大。比如含水率为10%时，围压分别为0.5 MPa、1.0 MPa和1.5 MPa的条件下，屈服点轴向应力分别约为1.5 MPa、3.0 MPa和4.5 MPa 。这表明通过施加支护提高砂砾石的屈服极限，可以有效减少围岩侧向变形，即可减少围岩顶底板和两帮的相对移近量。而如果支护强度不够，当围岩轴向应力超过屈服极限时，围岩的变形会不断发展，可能最终造成巷道的失稳。

从图2-20中可以看出：

① 在围压一定的条件下，随着砂砾石含水率的增加，试样屈服极限在减小。如围压为0.5 MPa时，含水率分别为0%、10%、21%时，屈服极限对应的轴向应力分别为2.3 MPa、1.6 MPa、1.5 MPa ，屈服极限的应力和应变总体趋势都在减小。

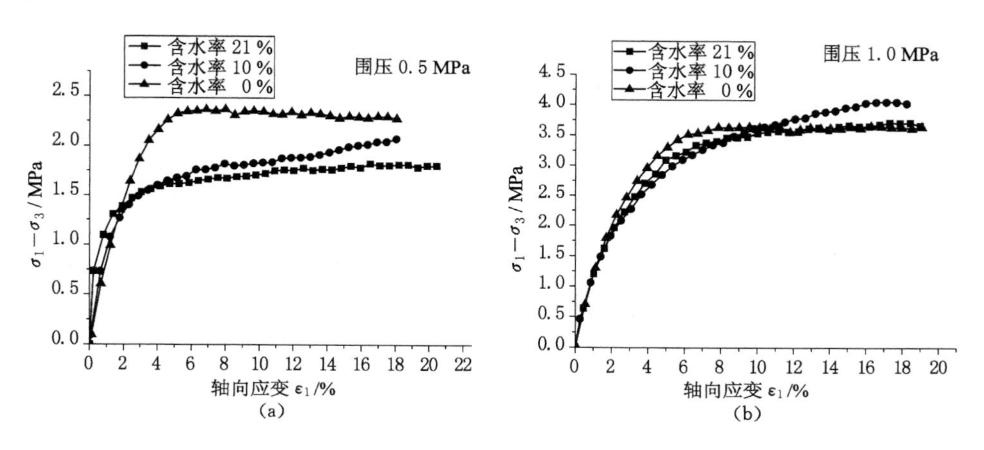

图2-20　不同含水率时应力-应变关系曲线

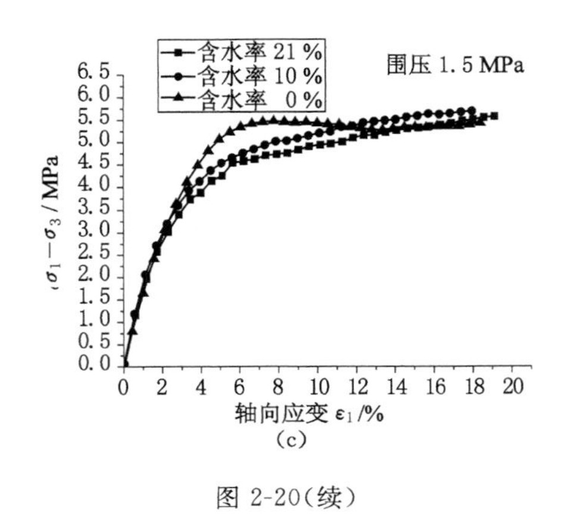

(c)

图 2-20(续)

② 相较于围压变化条件下应力-应变曲线趋势的不同,在围压一定的条件下,含水率对应力、应变的影响相对较小。

③ 砂砾石的应力-应变关系表现为明显的非线性,在不同围压下,3 组试验的应力-应变关系曲线的形态多表现为应变硬化型,在较高围压下硬化特征更加明显。含水率为 0%时,在到达屈服极限后,3 种围压条件下轴向应力均有不同程度的减小,这表明试样有应力软化现象,塑性破坏特征明显。

(3) 轴向应变-侧向应变关系

图 2-21 所示为试样含水率为 0%、10%、21%时轴向应变与侧向应变关系曲线。由图可以看出,不同含水率试样在 CD 剪切试验时轴向应变与侧向应变关系有明显的不同。

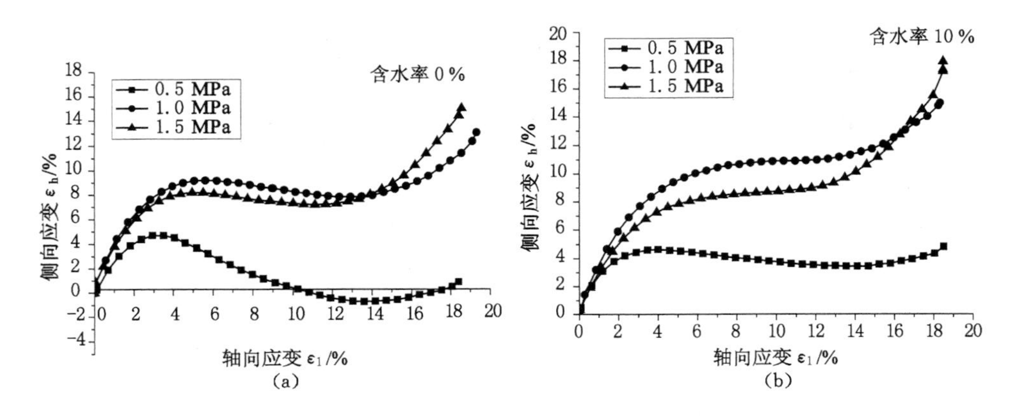

图 2-21　不同围压时轴向应变-侧向应变关系曲线

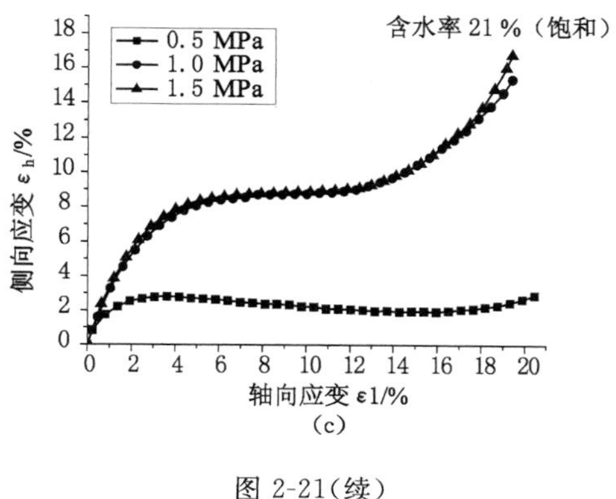

(c)

图 2-21(续)

① 在轴向应变较小时，试样都表现为剪缩，而随着轴向应变的逐渐增加，在试样达到屈服极限后，由剪缩变为剪胀，且围压越低，从剪缩变为剪胀的现象越明显，在围压为 1.5 MPa 时已基本没有剪胀现象。

② 在含水率一定的条件下，大围压时试样的侧向变形更为剧烈，而小围压试验，特别是围压为 0.5 MPa 时，在达到屈服极限后，试样表现出明显的剪胀性。

③ 对所有试验，在达到屈服极限前，砂砾石试样总是表现为侧向应变的增加，即体积应变的增加。

图 2-22 所示为试样围压分别为 0.5 MPa、1.0 MPa、1.5 MPa 时轴向应变与侧向应变关系曲线。由图可以看出，不同围压条件下试样在 CD 剪切试验时轴向应变与侧向应变关系有明显的不同。

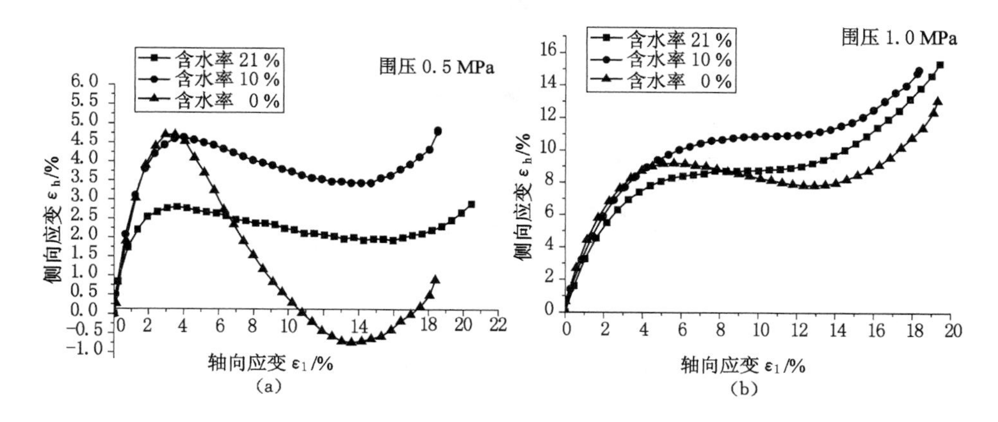

图 2-22 不同含水率时轴向应变-侧向应变关系曲线

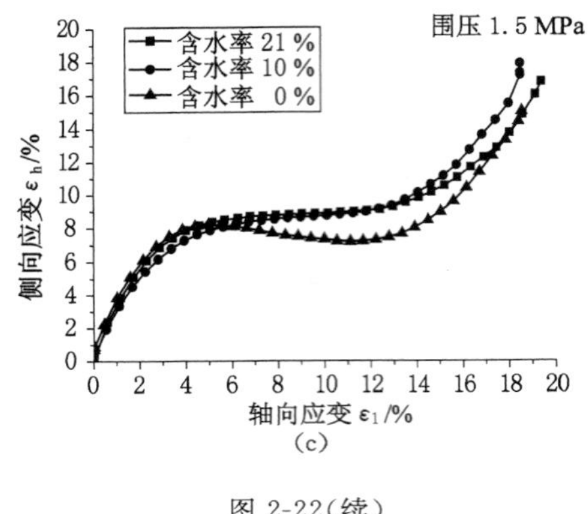

图 2-22(续)

① 围压一定、轴向压力增加的条件下，随着含水率的增加，砂砾石侧向应变逐渐降低。

② 在围压为 0.5 MPa 时，含水率为 0%的试样在屈服极限后表现出强烈的剪胀性，试样体积增加明显。

③ 随着含水率的增加，试样的膨胀性逐渐降低。

(4) 轴向应变-侧向应变关系

图 2-23 所示为试样含水率为 21%时轴向应变与侧向应变关系曲线。由图可以看出，不同围压条件下试样在饱和 CD 剪切试验时轴向应变与侧向应变关系有明显的不同。

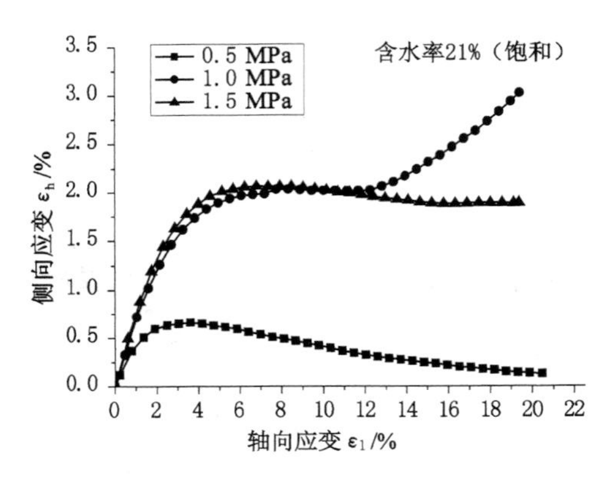

图 2-23　轴向应变-侧向应变关系曲线

① 在饱和条件下，无论围压为多大，砂砾石总是表现为受压后的收缩性。随着围压的增加，试样剪胀性降低，屈服极限后侧向应变继续增加。

② 在饱和条件下，大围压时试样的侧向应变更为剧烈，而小围压时试样表现出明显的剪胀性。

③ 对所有试验，在达到屈服极限前，砂砾石试样总是表现为侧向应变的增加，即体积应变的增加。

(5) 含水率对砂砾石抗剪强度的影响

图 2-24 所示为不同含水率下根据库仑公式拟合得到的砂砾石强度包络线图。砂砾石由粗、细颗粒共同组成，其强度既包括细粒的颗粒黏聚力 c，也包括粗颗粒间相互咬合作用，而后者反映其摩擦强度。根据拟合结果，试样含水率为 0%、10%、21%时，其内摩擦角分别为 37.59°、40.13°、40.50°，黏聚力分别为 172 kPa 、72 kPa和 0 kPa。

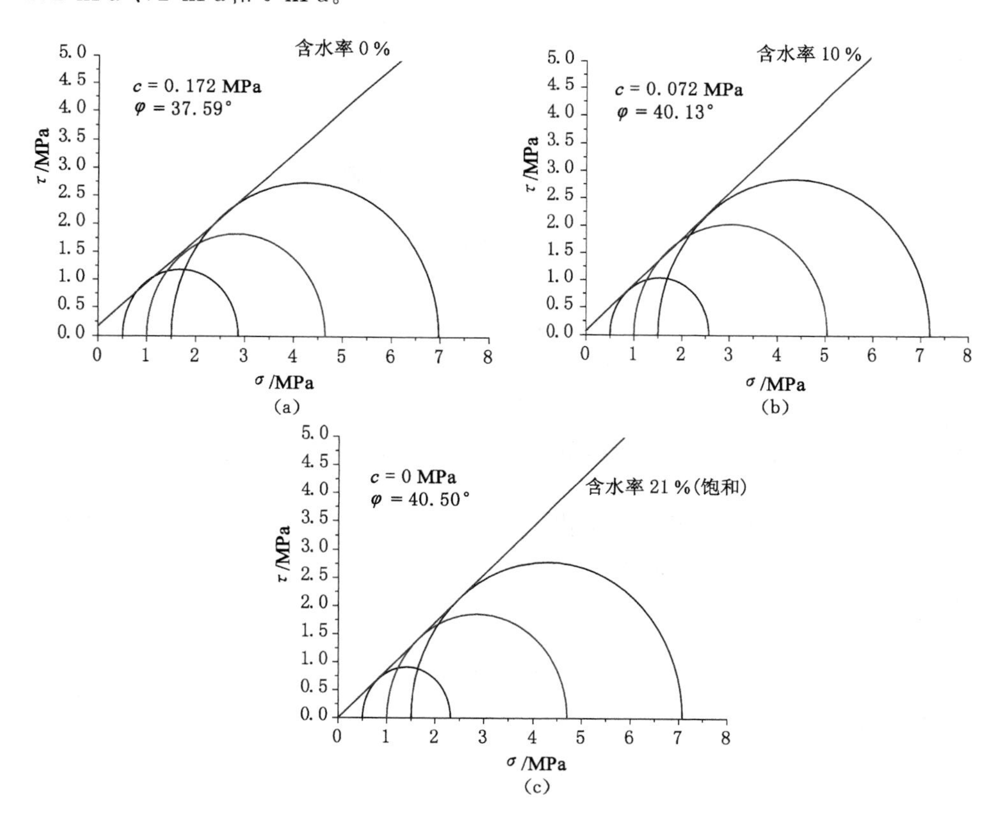

图 2-24 砂砾石不同含水率的强度包络线图

根据多项式拟合，近似得到各试样内摩擦角 φ 随含水率变化的关系曲线，如图 2-25 所示，同时根据线性拟合得到各试样黏聚力随含水率变化的关系曲线。

由图可知砂砾石强度指标受含水率影响。黏聚力 c 随含水率增加急剧减小，在试样饱和时，c 值变为 0 kPa，说明此时砂砾石黏聚力不再发挥作用，仅靠粒间摩擦提供抗剪强度。φ 值随含水率的增加出现一定的上升趋势，这与试样的密实度和颗粒级配有一定关系。

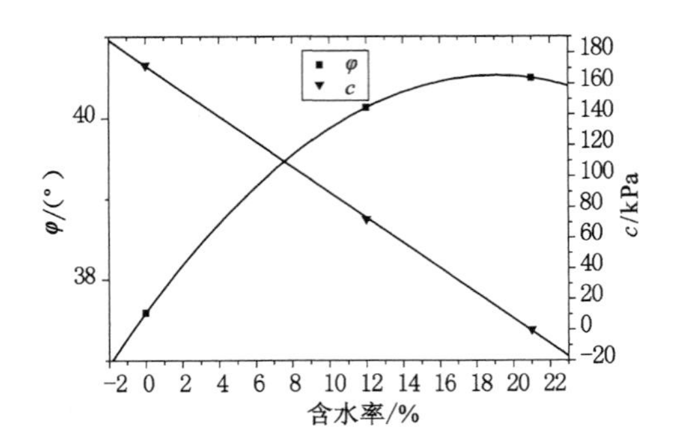

图 2-25　强度指标随含水率变化曲线图

由图可知，φ 值与含水率 w 之间的关系满足：

$$\varphi = 37.59 + 0.309\,13w - 0.008\,12\,w^2$$

c 值与含水率 w 之间的关系满足：

$$c = 171.513\,51 - 8.198\,2w$$

2.4　砂砾石矿物成分特征及微观结构特征分析

为查明新疆沙吉海矿区中生代砂砾石层的矿物成分和微观结构，对取自于井下爆破材料库、永久避难硐室、仓顶硐室等不同位置的 4 件样品（表 2-11），分别进行了 X 射线衍射分析试验和电镜扫描试验。

表 2-11　矿物成分及微观结构试验样品

样品编号	岩性	采集地点	数量	试验项目
1H	砾石（青黑色）	爆破材料库	1	全岩矿物、黏土矿物分析以及 SEM 扫描
2B	砾石（灰白色）	轨道石门	1	全岩矿物、黏土矿物分析以及 SEM 扫描
3C-1	胶结物（砂泥质）	仓顶硐室	1	全岩矿物、黏土矿物分析以及 SEM 扫描
4C-2	胶结物（砂泥质）	永久避难硐室	1	全岩矿物、黏土矿物分析以及 SEM 扫描

2.4.1　矿物成分分析

2.4.1.1　试验设备及试样制备

试验设备为X-衍射仪，如图2-26所示。试验对试样尺寸无特殊要求，取原样中的一小块即可，并研磨成手指感觉不到颗粒的细粉末，在玻璃上做成薄片。

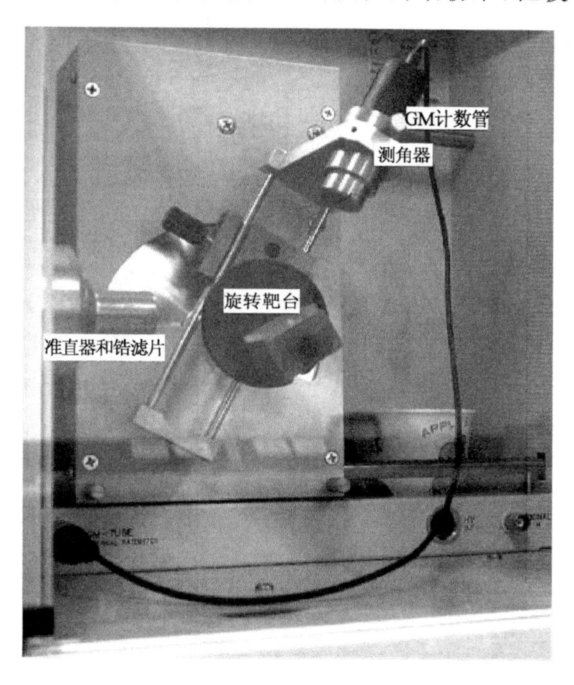

图2-26　X-衍射仪

2.4.1.2　试验原理、方法

X射线衍射仪的X光是由电子在高压作用下轰击钼靶而产生的，当X光射入原子有序排列的晶体时，会发生类似于可见光入射到光栅时的衍射现象。然后通过X-衍射仪观察主要矿物粉末的反射波结果。根据标准物质的粉末峰值进行内插，求得未知物质各粉末峰值d，对比确定矿物种类、名称，波峰的高度表示该矿物含量大小，波峰越高，则含量越大。

2.4.1.3　试验结果分析

对以上4件样品进行了室内全岩矿物和黏土矿物的X射线衍射测试，各样品的分析谱图如图2-27～图2-30所示。全岩矿物成分、含量及其中黏土矿物的成分及相对含量如表2-12所示。

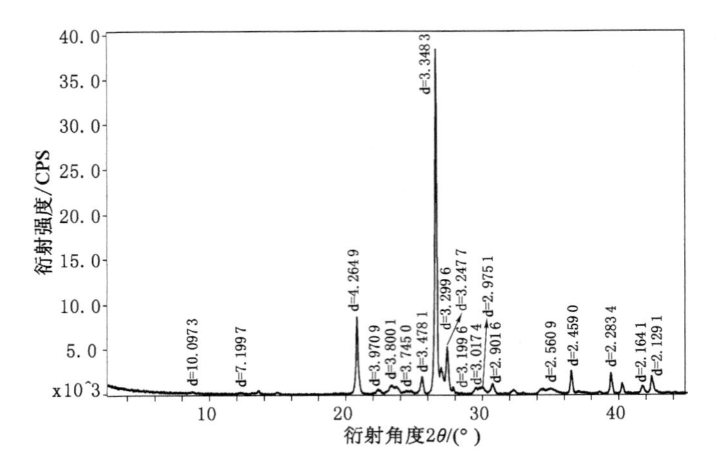

图 2-27　1H 全岩矿物分析谱图

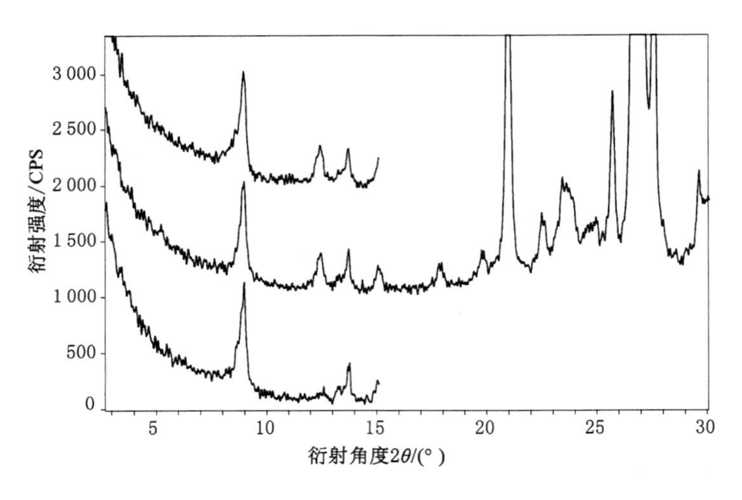

图 2-28　1H 黏土矿物分析谱图

由表 2-12 及表 2-13 的 X 射线衍射分析结果可以看出，1H 与 2B(砾石)的矿物成分主要为石英矿物和钾长石，其中石英矿物的百分含量很高，可达 74.1%，钾长石的最大百分比为 25.4%，而黏土矿物的含量较小，不超过矿物总量的 7%。数据说明砾石中因石英含量相当高，所以其强度、硬度也较高，点荷载试验结果印证了这一点，砾石的普氏系数 f 为 15～25。同时，青黑色砾石的石英含量比灰白色砾石的要高约 11%，因而青黑色砾石的强度要高于灰白色砾石，点荷载试验结果也显示了二者的强度差别，其中青黑色砾石的平均强度为 225.15 MPa，灰白色砾石的平均强度为 106.28 MPa。试验数据说明砾石的强度与其矿物成分、含量的关系较大,高的石英含量使得砾石表现为高强度、脆性破坏。

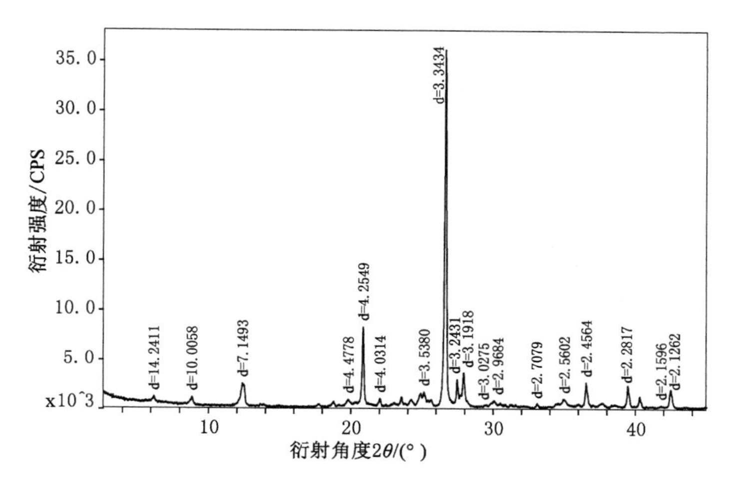

图 2-29 3C-1 全岩矿物分析谱图

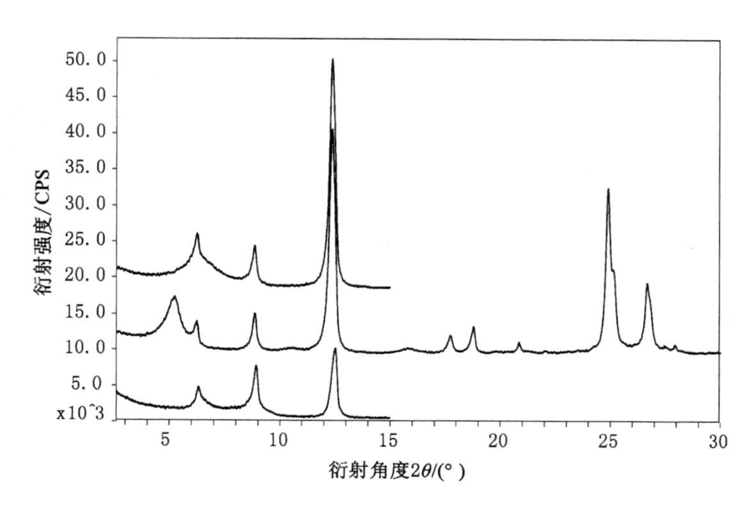

图 2-30 3C-1 黏土矿物分析谱图

表 2-12　全岩矿物种类及含量表

样品编号	矿物种类和含量/%						黏土矿物总量/%
	石英	钾长石	钠长石	方解石	白云石	黄铁矿	
1H	74.1	18.1	2.5	—	—	1.0	4.3
2B	63.2	25.4	3.2	—	—	2.1	6.1
3C-1	52.8	4.2	9.2	0.1	—	1.4	32.3
4C-2	39.6	3.1	11.5	0.5	—	—	45.3

表 2-13　黏土矿物种类及相对含量表

样品编号	黏土矿物相对含量/%						混层比(S:%)	
	S	I/S	I	K	C	C/S	I/S	C/S
1H	—	—	84	16	—	—	—	—
2B	—	—	71	29	—	—	—	—
3C-1	18	—	13	49	20	—	—	—
4C-2	12	21	18	37	12	—	25	—

注：S——蒙脱石，I/S——伊/蒙混层，I——伊利石，K——高岭石，C——绿泥石，C/S——绿/蒙混层。

从表 2-12 中可以看出砾石间的胶结物(3C-1、4C-2)的主要矿物成分为石英、钾长石、钠长石，其中石英的含量高达 52.8%，黏土矿物总量最高可达45.3%，而黏土矿物中含有一定的蒙脱石及伊/蒙混层，伊/蒙混层的相对含量为 21%，混层比为 25%。由于蒙脱石与伊/蒙混层矿物具有强膨胀性，抵抗风、水及其他化学环境侵蚀的能力较差，对岩体的整体性及长期稳定性不利，因此，在围岩破坏机理分析研究、支护设计、施工等各过程中均必须充分考虑水的不利影响。

2.4.2　微观结构分析

2.4.2.1　试验仪器及试样制备

试验仪器包括高倍扫描电镜、图形采集及处理系统，如图 2-31 所示。试验对试件尺寸无严格要求，取原样品一小块即可，并加工成小薄片。

2.4.2.2　试验结果分析

由放大 100 倍的扫描图像(图 2-32)可以看出，砾石质地非常致密，矿物组成以石英为主，岩石表现为脆性、硬度大、强度高。砾石间的胶结物较疏松，呈砂泥质“豆渣”状堆积，粒间结构属胶结联结，联结强度较弱，孔隙、裂隙发育。

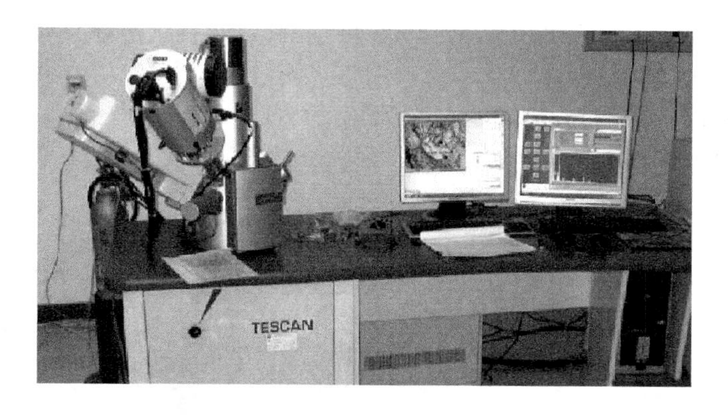

图 2-31　扫描电镜(SEM)及图像处理系统

(a) 1H样品　(b) 2B样品

(c) 3C-1样品　(d) 4C-2样品

图 2-32　放大 100 倍电镜扫描结果

由放大 500 倍的扫描图像(图 2-33)可以看出,砾石致密,矿物颗粒以扁长状结晶联结为主,并伴有硅质胶结,反映颗粒之间联结紧密、作用力大,强度高。可观察到砾石间的胶结物裂隙发育,裂隙宽度为 11～69 μm,贯通性好,粒间胶结程度低,整体性差,充填物力学性质表现为强度低,硬度小,密度低,遇水软化、崩解。

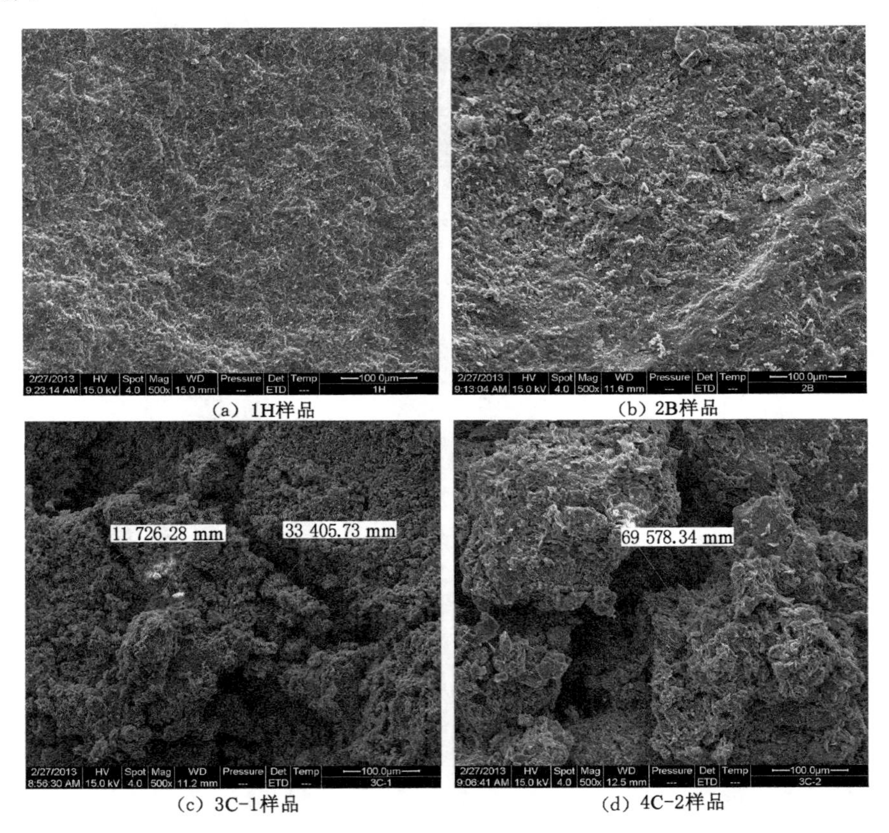

(a) 1H样品　(b) 2B样品

(c) 3C-1样品　(d) 4C-2样品

图 2-33　放大 500 倍电镜扫描结果

由放大 2 000 倍的扫描图像(图 2-34)可以看出,砾石表面自生石英和钾长石,石英为块状、不规则,整体为层状结构,层间结合紧密,整体性好。可观察到 3C-1 及 4C-2(胶结物)柱状、片状黏土矿物晶体,并可见块间 15 μm 左右的裂隙,贯通性较好,溶蚀孔严重。

由放大 10 000 倍的扫描图像(图 2-35)可观察到砾石的粒间片状伊利石,微裂隙尺寸为 1～2 μm,颗粒以片状结晶式胶结,结合力较强。同时可见 3C-1 及 4C-2(胶结物)层间片状 I/S 混层和蒙脱石膨胀性黏土矿物,黏土间微孔隙

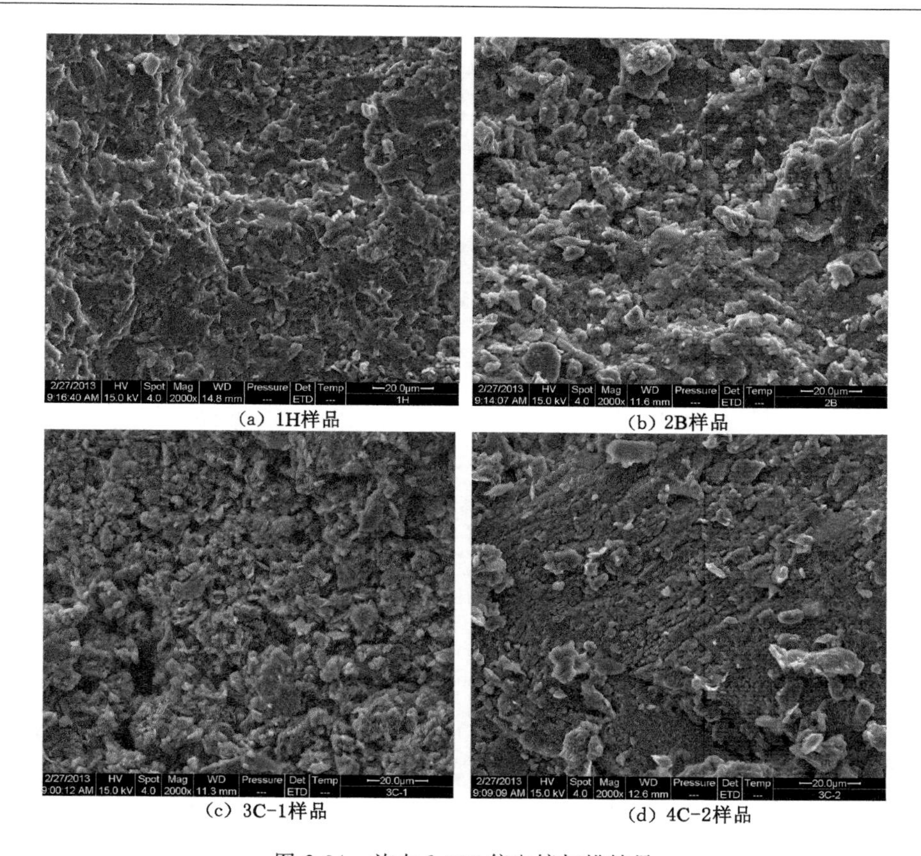

(a) 1H样品　(b) 2B样品

(c) 3C-1样品　(d) 4C-2样品

图 2-34　放大 2 000 倍电镜扫描结果

1～3 μm,溶蚀孔发育,粒间结合力弱。

综合以上分析可知,在新疆沙吉海矿区中生代砂砾石层中,砾石质地致密,矿物组成以石英为主,颗粒间为结晶联结,表现为脆性、硬度大、强度高。砾石间的胶结物较疏松,呈砂泥质"豆渣"状堆积,粒间结构属胶结联结,联结强度较弱,裂隙、溶蚀孔发育,贯通性好,因而,围岩发生小的变形也可能产生离层、局部剪切滑移或碎粒状破坏;粒表可见膨胀性较强的片絮状 I/S 混层及蒙脱石黏土矿物,遇水会产生膨胀、分解、泥化,使巷道的整体稳定性进一步恶化,因此,在巷道支护设计及施工过程中,必须考虑水的不利因素,注意巷道支护结构的全断面封闭,加强对水的防治,落实好巷道围岩堵水及疏水措施。由此可见,沙吉海矿区中生代砂砾层微观结构性较差,颗粒强度分布极为不均、粒间联结性差、充填物膨胀性黏土矿物含量较高、水的耦合作用是导致砂砾层巷道变形破坏的主要因素。

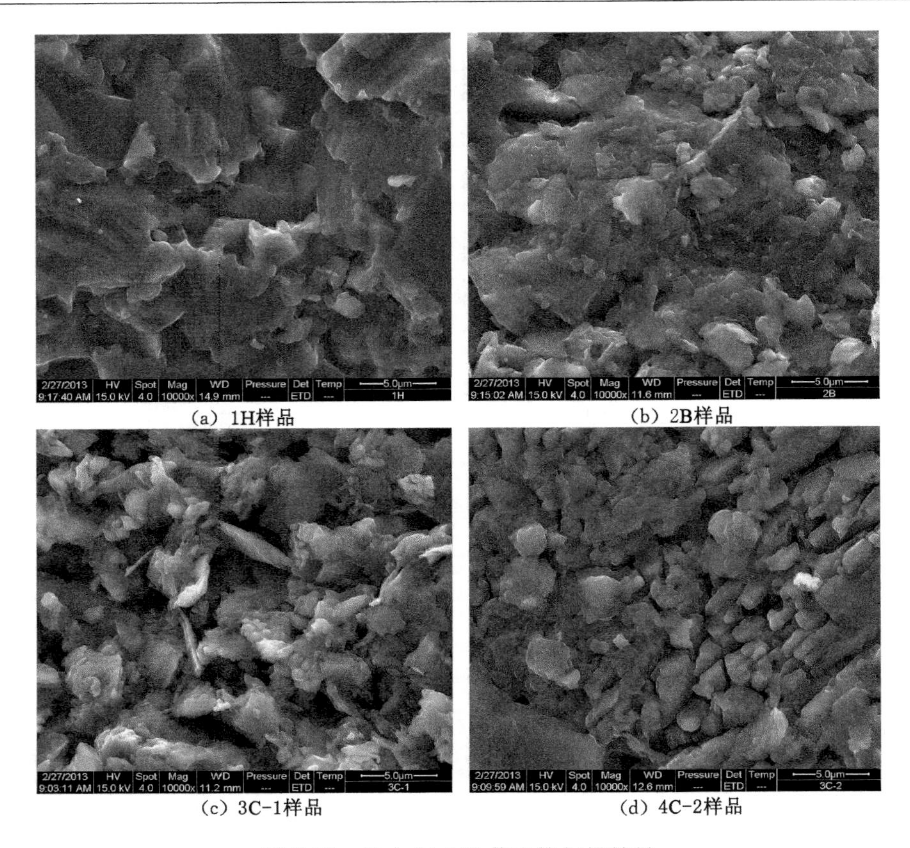

(a) 1H样品　(b) 2B样品

(c) 3C-1样品　(d) 4C-2样品

图 2-35　放大 10 000 倍电镜扫描结果

2.5　小结

采用室内试验结合现场测试的方法,对沙吉海矿区典型砂砾层巷道围岩进行了密度、含水率、粒度分布特征、三轴强度特征及矿物成分、微观结构等物理力学性质的测试。试验主要成果体现在以下几个方面:

(1) 受上覆强富水砂岩含水层的影响,砂砾石的天然含水率较高。同时,砂砾层的密度、干密度变化较大,主要是受岩性、胶结类型、颗粒分布方式的影响,其整体表观密度比砾石、砂的明显低,说明砂砾石层的孔隙度较高,砾石间的填充物胶结程度较差,沉积后所受的固结压力不大。

(2) 现场砾石粒径统计结果显示:砾石的粒径主要分布在 20～50 mm 之间,最小粒径为 4.73 mm,最大粒径达 79.02 mm,分选系数在 1.33～1.44 之间，可得出该区砂砾石层砾石粒径变化范围大、分布广、离散性大、分选性较差的粒度特征。

(3) 由室内筛分析试验结果可得，砂砾石的不均匀系数 $C_u = d_{60}/d_{10} = 32.05$，曲率系数 $C_c = d_{30}/(d_{10} \times d_{60}) = 1.26$，说明该区砂砾石层属于颗粒粒径分布范围相对较大、级配良好的地层。依据粗颗粒土的命名标准，结合5件典型试样的筛分析试验结果数据，确定该地层为砂砾石层。

(4) 砾石点荷载试验结果显示：单个砾石的抗压强度很高，而灰白色与青黑色砾石的强度差异较大，灰白色砾石的平均强度在100 MPa以上，最大值为210.98 MPa；青黑色砾石的强度一般在200 MPa以上，最大值可达305.91 MPa，普氏系数远大于20。

(5) 大型三轴压缩试验结果表明，试样峰值主应力随围压的增大而增加，应力-应变曲线总体发展趋势明显，在加载初期一般变形较大，曲线呈上凸型，类似于岩石压密阶段的变形特性。在围压一定的条件下，轴向应力达到一定的数值(屈服极限)后，在轴向应力变化不大的情况下，砂砾石也将产生持续的变形，在巷道围岩控制的工程实践中，表现为支护阻力(围压)一定的条件下，巷道围岩产生持续的变形，表明砂砾层巷道围岩的变形具有一定的时效性。

在含水率相同的条件下，随着围压的增大，轴向应力屈服点相应增大，表明通过施加支护可提高砂砾石的屈服极限，可以有效减少围岩的收敛变形。

对于小围压试验，随着含水率的增加，试样越来越表现为膨胀性，在饱和条件下，无论围压为多大，砂砾石总表现为受压后的收缩性。随着围压的增加，试样剪胀性降低，屈服极限后体变继续增加。

砂砾石强度指标受含水率的影响，黏聚力 c 随含水率增加急剧减小，饱和时 c 值变为0，而 φ 值随含水率的增加出现一定的上升趋势。φ 值与含水率 w 之间的关系满足：$\varphi = 37.59 + 0.309\,13w - 0.008\,12w^2$，$c$ 值与含水率 w 之间的关系满足：$c = 171.513\,51 - 8.198\,2w$。

(6) 砾石中石英矿物含量高达74.1%，表现为脆性、硬度大、强度高；砾石间的胶结物较疏松，呈砂泥质“豆渣”状堆积，裂隙、溶蚀孔发育，同时，黏土矿物总量高达45.3%，抗风化、水侵蚀的能力差。由此可见，沙吉海矿区砂砾层巷道围岩微观结构性较差，粒间联结力低，砾石间的充填物中膨胀性黏土矿物含量较高。水岩耦合作用是导致砂砾层巷道变形破坏的重要因素之一，因此，在巷道支护设计及施工过程中，必须考虑地下水及渗流的不利影响。

3 沙吉海矿区中生代砂砾层工程特性

新疆沙吉海煤矿含煤地层中的中生代砂砾层属于力学不稳定地层，胶结性差，颗粒间的结合力低，砾石分布极度不均匀，并且单个砾石的硬度很高，普氏硬度系数 f 一般为 16～25，研磨性强，锚孔钻进十分困难，采用常规的钻机、钻头与钻进工艺不仅效率低，而且成本高。而对于砂砾地层巷道的掘进支护，无论进行锚固还是注浆止水加固，均需先很好地解决成孔问题。因此，只有顺利扫除了砂砾地层锚孔钻进的障碍，才能为巷道围岩的锚固、注浆加固铺平道路。为此，本章将从矿井砂砾层巷道围岩锚固孔的钻进存在的问题入手，通过现场锚杆孔不同的钻进方案试验，研究不同类型钻机参数、钻头匹配等对钻进效果的影响，并找出一条有效的解决途径。此外，还分析了该地层的浆液可注入能力，探讨了不同注浆材料在不同配比下的性能参数，并给出了较优的浆液材料配比。

3.1 概述

砂砾石层是一种常见的地层，在交通、水工大坝、引水隧道、矿井等建设领域中经常遇到。与一般的岩石及其他地层相比，砂砾层有其本身的特点[122-126]。

3.1.1 埋藏较浅，分布范围广

砂砾石层一般位新生代、中生代地层，它是由于岩石物理、化学风化、水流侵蚀，并由水流和风搬运沉积而成的。分布在山间谷地、河谷地带，平原、湖泊、海滨地带，埋藏一般较浅。

3.1.2 固结程度低

砂砾层一般固结成岩作用差，胶结程度低，结构较为松散，渗透孔隙分布不均匀，渗透性十分不均。

3.1.3 粒度分布不均

砂砾层中的物质颗粒粒径分布范围较广，地层中的颗粒空间分布高度不均。

通过查阅相关文献资料以及现场砂砾层的前期工程实践，可知该地层在注浆工程建设中存在如下特征：

(1) 成孔十分困难

砂砾层中砾石分布极为不均，单个砾石硬度很高，研磨性强，颗粒间胶结性差，钻进过程中常出现塌孔、缩颈、卡钻等现象。

(2) 地层可注性差异较大

由于在砂砾层中常存在渗透系数很小的砂层透镜体等，颗粒粒径较大的注浆浆液要注入该地层孔隙较困难。

针对上述对砂砾层的工程特性总结，结合工程建设过程中所遇到的问题，以下重点对砂砾地层的可钻性及可注性进行分析研究。

3.2 砂砾地层可钻性

3.2.1 砂砾地层矿井锚孔钻进存在的问题

(1) 中生代砂砾石层高度非均质性及松散不稳定性等特点使得钻进难度大

沙吉海煤矿中生代砂砾石地层由粗细颗粒组成，砾石形状各异，大小不一，分布极为不均，颗粒间的胶结性差，整体松散，并且由于砾石强度十分高，研磨性强，钻进过程中常发生钻头崩刃、掉齿、断裂、磨损严重、塌孔、卡钻等现象，导致钻进效率低，锚固孔、注浆孔造孔困难。采用大型钻进设备则造孔运行的费用居高不下，设备维护费用高；若采用小型常规钻机则钻进困难。

(2) 矿井中生代砂砾层巷道锚孔钻进研究严重不足[46-50,127-132]

检索大量文献资料知，目前对于砾石类地层的钻进研究主要集中于油田钻井技术及地质钻探方面的大尺寸孔钻进，关于在井下巷道砾石层中钻进锚固孔、注浆孔的研究甚少。现有的石油钻井研究多对钻进工艺和钻头进行改进，认为在砾石层中适宜选用冲击回转钻进法、超径肋骨钻具干钻法、套管钻具钻进法、跟管钻进法、钢粒钻进黏土护壁法等，钻头研究多集中于优化设计钻头结构、改进钻头材质、选用高强度性能的切削齿。

(3) 适宜砂砾地层钻进的矿用锚孔钻进设备很少

① 目前我国已开发了不同类型的 30 多种型号锚杆钻机，但适于井下巷道使用且可靠性较好的只有三四种产品。

② 在砂砾层中锚孔钻进采用回转式锚杆钻机其扭矩普遍偏低，不能满足需求。

③ 锚杆钻机产品可靠性差，很多产品难以在井下连续正常使用。

3.2.2 砂砾地层可钻性评价

沙吉海煤矿中生代砂砾石地层颗粒间的胶结性差，砾石强度高，研磨性强，机械钻速低，从而造成锚孔钻进十分困难，严重阻碍了该区巷道围岩采用锚杆(索)及注浆主动支护的实施与应用。因此，开展沙吉海矿区中生代砂砾地层的可钻性评价分级研究对于指导本矿区砾石层钻进的钻进设备、钻头选型，提高钻进效率具有重要的工程意义与现实意义。

目前，对于岩层可钻性的评价指标与评价标准尚不统一，不同行业不同研究领域所采用的钻进方式、钻进设备等也有所不同。但是总体上来说，岩层的可钻性测试方法主要可以分两大类：一类是室内试验测定，例如采用压入硬度法及微钻法等；另一类是现场实测测定，主要有声波测试法和实际钻进效率法。

一般通过岩石现场取芯及室内物理力学试验测定地层的可钻性，但由于岩芯毕竟与现场赋存的地质力学环境完全不同，并且在室内模拟钻进的条件也与现场有很大的差别，加上现场岩石取芯也存在一定的难度，因此，采用现场取芯及室内可钻性测试的方式尚存一定的困难，而且脱离岩芯的压力、温度，忽略地层的结构性等因素的影响所测得结果的可靠性不高，不能真正反映地层的可钻性能。

由以上分析，我们认为应该依据现场实际的地层特征及钻进条件，以现场砂砾石地层的实际钻进效率来评价地层的可钻性等级，这样才是较为客观的。因为现场实际钻进结果与地层的特征、钻进设备、钻进工艺参数、钻孔环境等相关，故采用现场实钻的方法综合反映了地层的可钻性与地层特征、钻进工艺、钻头以及赋存环境等的相关性。为此，本次砂砾石地层的可钻性研究采用现场钻进试验的方法进行。

采用煤矿井巷施工常见的 MQT-120 锚杆钻机匹配金刚石合金钻头进行钻进测试，钻进参数为压力 0.5 MPa、转速 200 r/min、转矩 120 N·m 及推进力 9.5 kN，试验地点为＋569 m 临时车场距开口 82 m 处，巷道围岩为半煤岩，煤层厚度 1.7 m，煤层上覆为 12 m 厚的砾石层。在巷道顶板共进行了 4 个孔位的钻进试验，各孔的砾石层纯钻进深度、钻进时间及钻进效率等结果见表 3-1。

由现场实际钻进试验的结果来看，在砾石层中的进尺小、钻进效率较低，可钻性较差。我国地质、煤炭、冶金、石油等部门在岩石可钻性分级及评价标准方面也做了大量的研究工作，有不少钻进性数据就是通过大量的现场钻进资料分析整理得出的，如原地矿部已确定了采用金刚石钻头地层钻进的岩层可钻性等级标准，如表 3-2 所示。

表 3-1　砂砾地层钻进时效表

钻孔编号	砾石层进尺/m	纯钻时间/min	钻进时效/(m/h)	平均时效/(m/h)
K-LS-1	0.8	35	1.4	1.37
K-LS-2	0.6	30	1.2	
K-LS-3	0.75	34	1.31	
K-LS-4	0.9	35	1.55	

表 3-2　地层可钻性分级表

可钻性级别	钻进时效/(m/h)		代表性岩石举例
	金刚石	硬合金	
1～4	3.81～7.93	＞3.90	粉砂质泥岩，碳质页岩，粉砂岩，中粒砂岩，透闪岩，煌斑岩
5	2.90～3.60	2.50	硅化粉砂岩，滑石透闪岩，橄榄大理岩
6	2.30～3.10	2.00	黑色角闪斜长片麻岩，白云斜长片麻岩，黑云母大理岩
7	1.90～2.60	1.40	白云斜长片麻岩，石英白云石大理岩，透辉石化闪长玢岩
8	1.50～2.10	0.80	花岗岩，矽卡岩化闪长玢岩，石榴石矽卡岩，石英闪长玢岩
9	1.10～1.70	0.38	混合岩化浅粒岩，花岗岩，斜长角闪岩，混合闪长岩，钾长伟晶岩
10	0.80～1.20	0.15	硅化大理岩，矽卡岩，钠长斑岩，斜长岩，花岗岩，石英岩
11	0.50～0.90	0.09	凝灰岩，熔凝灰岩，石英角岩，英安岩
12	＜0.60	0.05	石英角岩，玉髓，熔凝灰岩，纯石英岩

依据沙吉海煤矿砂砾石地层的现场钻进试验结果，结合表 3-2 的地层可钻性分级标准，该区砂砾地层在现有常规钻进设备、技术及工艺的条件下，平均钻进时效为 1.37 m/h，地层的可钻性等级为 9 级，属于难钻进的地层。因此，要提高该区砂砾层的钻进效率并解决锚孔、注浆孔的成孔问题，下一步需要进行不同钻进设备、不同钻进工艺、钻头匹配等方面的研究。

3.2.3　现场钻进试验

3.2.3.1　试验方案

针对该区内的砂砾层钻进存在的问题，基于煤矿现有可靠性好及新研发的锚固钻进设备设计了6种钻进方案(表3-3)在工程现场进行试验,研究在砂砾地层中能有效钻进锚固孔、注浆孔的钻进工艺及相应的钻头匹配,为巷道的掘进支护、矿山安全生产打下基础。

表3-3　钻进方案及钻进参数

方案编号	钻机	钻头	钻进参数					
			压力/MPa	转速/(r/min)	转矩/(N·m)	推进力/kN	冲击频率/Hz	冲击功/J
1#	MQT-120 锚杆钻机	金刚石合金钻头	0.5	200	120	9.5	—	—
2#	MQT-120 锚杆钻机	GK 钢盔齿 PDC 钻头	0.5	180	130	9.8	—	—
3#	MQT-120 锚杆钻机	IG-2 耐磨钻头	0.5	180	130	9.8	—	—
4#	ZQJ-18/3.0 S 超硬岩气动钻机	金刚石取芯钻头	0.5	1 700	18	2	—	—
5#	YT28 凿岩机	"一"字钻头	0.5	260	—	—	34	65
6#	YT29 凿岩机	金刚石合金球冠柱齿钻头	0.6	300	—	—	37	70

3.2.3.2　试验过程

(1) 方案1#

试验地点为+569 m临时车场距开口76.4 m处,巷道围岩为半煤岩,顶部采用钻杆进行探煤(图3-1),煤层厚度1.7 m,钻孔总深度为2.65 m,总耗时42 min,其中钻进砾岩层深度为0.9 m,耗时37 min,钻进1.7 m的煤层耗时5 min,继续钻进时进尺不明显。钻头磨损严重,两翼外撇(图3-2),基本上无法继续使用。在纯砾岩层中钻进钻头的寿命为0.9 m/个。故采用MQT-120型锚杆钻机配金刚石合金钻头钻进砾石层效率一般,钻头寿命短,钻孔成本较高。

(2) 方案2#

试验地点为+569 m临时车场距开口76.4 m处,巷道围岩为半煤岩,顶部采用钻杆进行探煤,煤层厚度为1.4 m。鉴于方案1#试验中钻头磨损严重,特在方案2#中更换硬度更高的GK钢盔齿金刚石复合片钻头(图3-3),并增大0.3 kN的推进力。本次试验钻孔总深2.65 m,总耗时19 min,其中钻进1.4 m的煤层耗时5 min,钻进1.25 m的砾石层耗时14 min,继续钻进效果不明显,钻头磨损严重(图3-4),无法继续使用。在纯砾岩层中钻进钻头的寿命为1.2 m/个,平均时效为5.3 m/h,相比于方案1#,效率提高不明显。

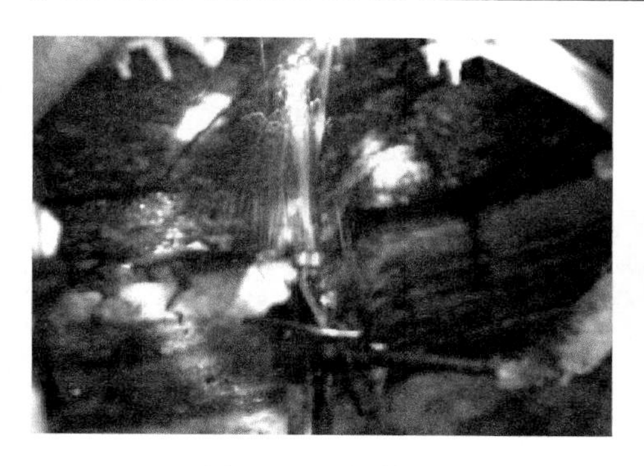

图 3-1　顶部钻进

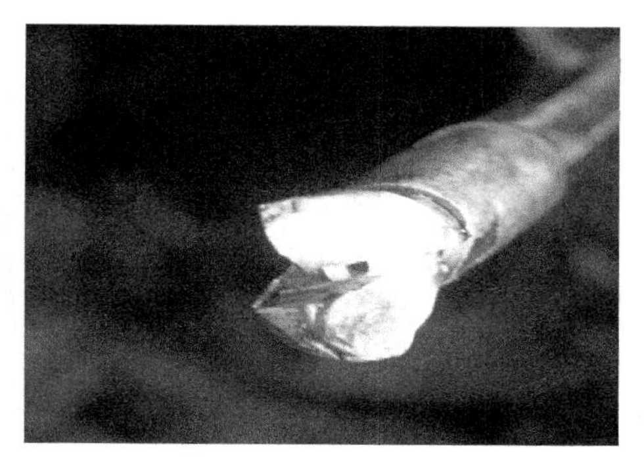

图 3-2　磨损的钻头

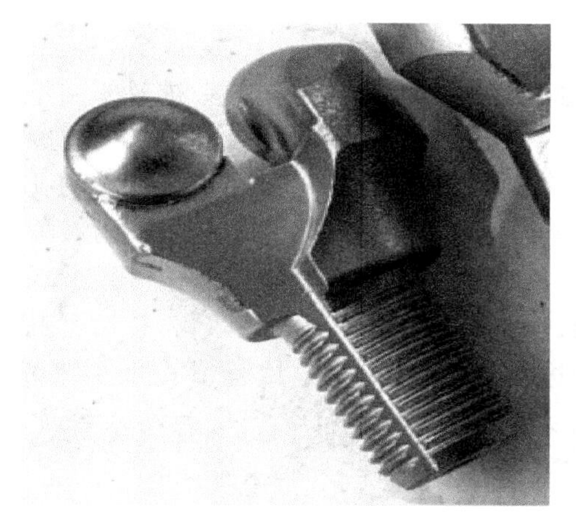

图 3-3　完好的钢盔齿钻头

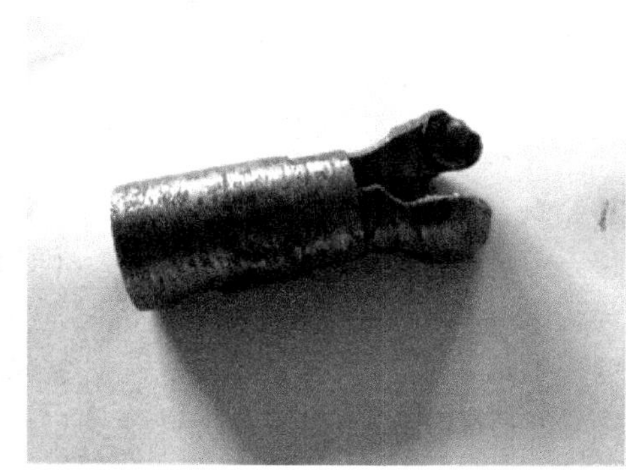

图 3-4　磨损的钢盔齿钻头

(3) 方案 3#

试验地点为 01 运输平巷，巷道直接顶顶板为厚度 12 m 的砂砾层，砾石强度高，研磨性强，可钻性差。砂砾层下为 2 m 的夹矸煤层，底板为泥岩。考虑到方案 2# 试验中钻头的寿命短，且钻进效果不佳，于是本次钻进试验改换某耐磨技术有限公司提供的 IG-2 耐磨钻头(图 3-5)在砾石层顶板直接进行，开始钻进较为顺利，钻头基本无磨损，钻至 1.5 m 时，钻孔无进尺，共耗时18 min，钻头外缘磨损严重，两翼向内挤进，中间缝隙明显缩小(图 3-6)。以此估算钻头使用寿命为 1.5 m/个，平均时效为 5 m/h。故采用 MQT-120 型锚杆钻机配 IG-2 耐磨钻头钻进砾石层效率低，造孔成本较高，基本不能实现锚孔、注浆孔所要求的孔深尺寸。

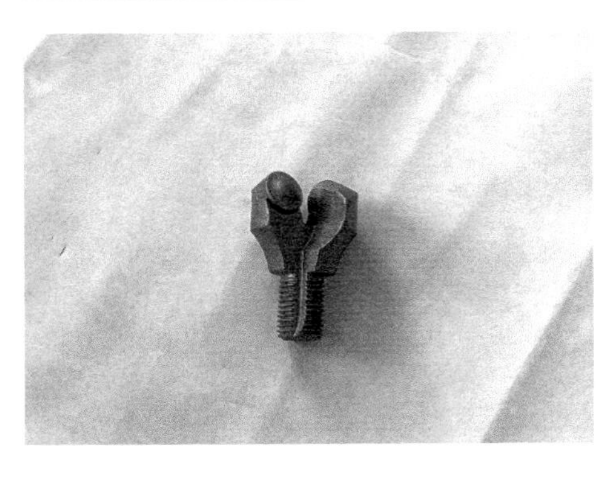

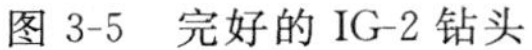

图 3-5 完好的 IG-2 钻头

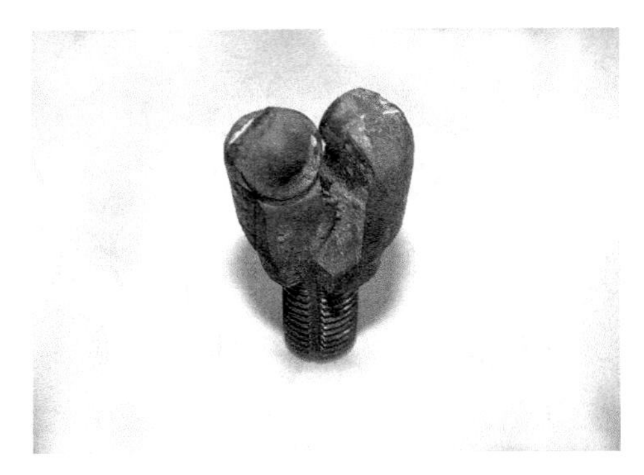

图 3-6 损坏后的 IG-2 钻头

(4) 方案 4#

由于前几次试验采用 MQT-120 型锚杆钻机匹配各种钻头的钻进效果均不理想，钻进时效不高，钻头的使用寿命也不长，于是本次钻进试验采用新研制专门针对硬岩钻孔的超硬岩气动锚索钻机 ZQJ-18/3.0S(图 3-7)。该钻机采用孔外增速技术(转速可达 1 700 r/min)，高速切削破岩机理，匹配专用的金刚石取芯钻头与钻杆。试验地点为+569 m 临时车场 80 m 处，巷道顶板为 2 m 厚度的煤，煤层上部为 12 m 厚的不稳定砂砾层。本次试验进行了两次钻孔，总钻进进尺为 8.2 m，钻进总耗时 47 min，其中钻进 4 m 的煤层耗时 14 min，钻进4.2 m 的砾石层耗时 33 min，耗费钻头 2 个，钻头损坏以崩刃、掉齿、严重磨损为主，如图 3-8 所示。据此估算在纯砂砾层中钻进金刚石取芯钻头的寿命为2 m/个，平

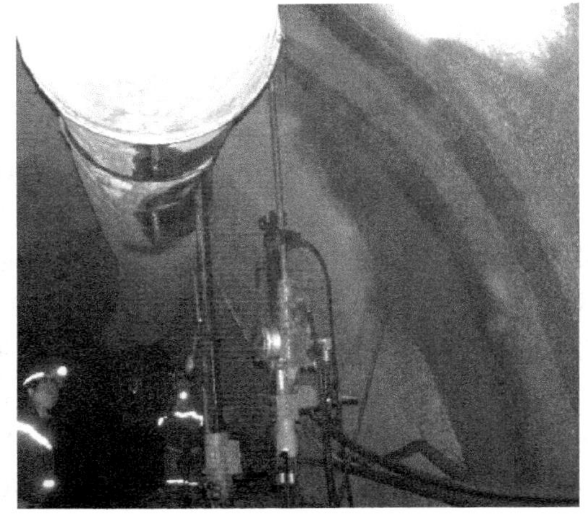

图 3-7 ZQJ-18/3.0S 钻机

均时效为 7.6 m/h，较前三种方案效率有所提高，但钻头价格较高，且钻进辅助用时（装拆钻杆、倒芯）多，故本钻进方案综合效果差。

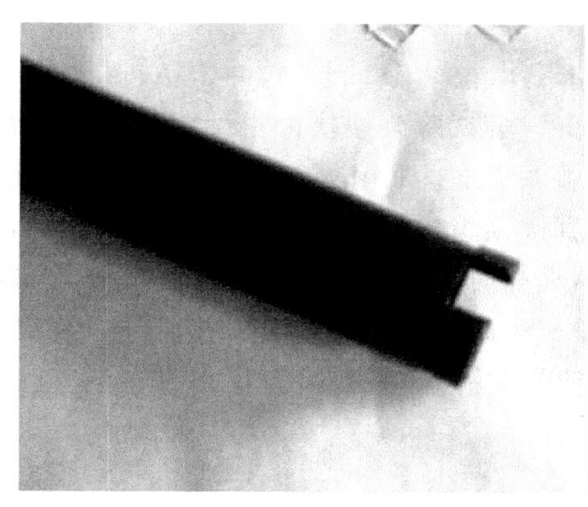
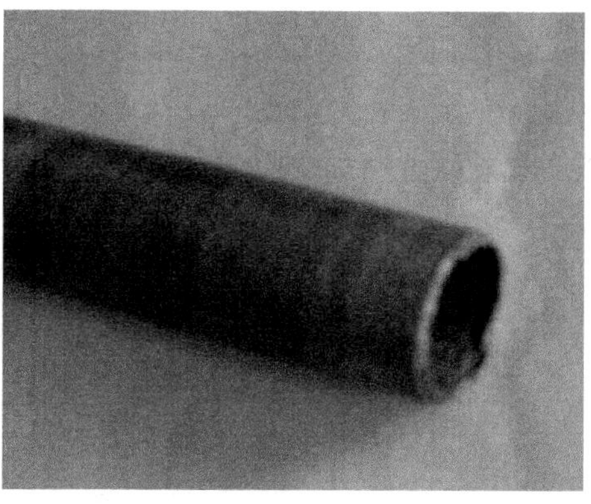

图 3-8　钻头磨损前后

（5）方案 5#

鉴于前四种钻进试验方案均为回转切削式破岩，钻进效率不高，钻头寿命低，钻进效果不甚理想，故本次钻进试验尝试基于冲击-回转式的破岩机理，采用 YT28 凿岩机配“一”字钻头进行砾石层的钻进。试验地点为 01 运输平巷距开口 16 m 处（图 3-9），巷道围岩为半煤岩。本次试验进行了两次钻孔，总钻进进尺为 3 m，钻进总耗时 18 min，其中钻进 1.4 m 的煤层耗时 5 min，钻进砾石层 1.6 m 耗时 13 min，钻头基本无磨损（图 3-10），但继续钻进时“一”字钻头被卡住，无法冲击钻进。因此，可以估算在纯砂砾层中钻进平均时效为7.2 m/h，钻

图 3-9　钻进孔位

图 3-10　钻进后的钻头

进效率较高，且钻头磨损较小，但卡钻常有发生。从试验情况来看，采用 YT28 凿岩机配“一”字钻头在砾石层中无法进行锚孔、注浆孔的钻进。

(6) 方案 6#

方案 5# 中钻进效率提高明显，但由于孔内松动砾石卡钻，冲击钻进受阻，不能满足井下锚孔、注浆孔的钻进，于是本次钻进试验改换抗冲击性能好的金刚石合金球冠柱齿钻头(ϕ42 mm)，同时为提高冲击能，采用 YT29 凿岩机。本次试验地点为 01 工作面运输平巷迎头，巷道直接顶板为不稳定砾石层。采用 2.5 m 的钎杆进行钻进，较为顺利，总进尺为 2 m，耗时 13 min，钻头基本无磨损，未发生掉齿、崩刃现象(图 3-11)，成孔性良好。据此估算在砂砾层中钻进平均时效为 9.5 m/h，钻进效率较高，钻头磨损程度低，总体钻进效果较好。

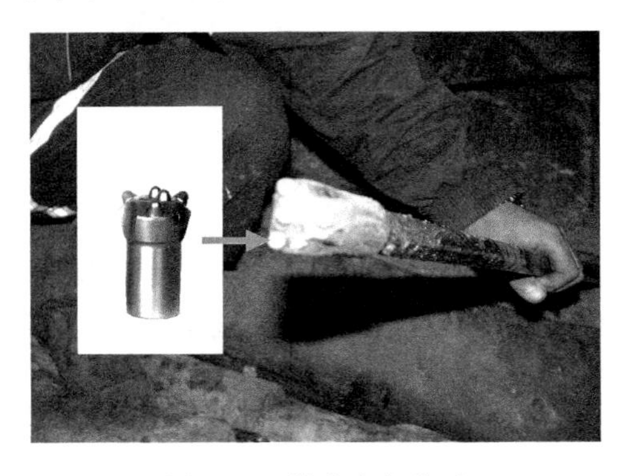

图 3-11　钻头磨损前后

3.2.4　砂砾层钻进试验结果分析

为了对各钻进方案在砂砾层中的钻进效果进行对比，从破岩方式、钻进工艺、钻头选型等方面分析各钻进方案的差异及砂砾层特性对其钻进性的影响，找出砂砾层中锚孔、注浆孔有效钻进的钻进工艺及钻头匹配，将各试验方案的对比结果列于表 3-4。

表 3-4　各钻进方案结果对比

方案编号	钻孔编号	砾石层进尺/m	纯钻时间/min	平均时效/(m/h)	钻头寿命/(m/个)
1#	K-76-1	0.9	37	1.4	0.9
2#	K-76-2	1.25	14	5.3	1.2
3#	K-YC-1	1.5	18	5	1.5

表 3-4(续)

方案编号	钻孔编号	砾石层进尺/m	纯钻时间/min	平均时效/(m/h)	钻头寿命/(m/个)
4#	K-80-1	4.2	33	7.6	2
5#	K-YC-16	1.6	13	7.2	—
6#	K-YC-2	2	13	9.5	—

从表 3-4 中可以看出，方案 6# 采用 YT29 凿岩机配金刚石合金球冠柱齿钻头的钻进效果最好，钻进时效可达 9.5 m/h，且钻头寿命长，纯砂砾层钻孔深度可达 2 m 左右，基本可以实现普通锚孔、注浆孔的钻进。同时可以发现，前四种方案的平均钻进效率要低于后两种方案，主要是因为前四种方案采用回转切削式碎岩钻进，而后两种钻进方案采用冲击-回转式破岩钻进。由第二章砾石点荷载试验可知，砾石的普氏硬度系数 f 为 16～25，最大强度可达 350 MPa，因此，采用回转式钻进的效率低，钻进效果不理想。虽然方案 4# 中采用高速切削方式钻进效率有所提高，但金刚石专用钻头损耗大，钻进成本高。而冲击-回转式钻进克服了普通回转或纯冲击钻进的缺点，在冲击力的作用下，使研磨性强的砾石产生体积破碎，并且部分砾石被挤进周围胶结性差的充填物中，增加了孔壁的密实度与稳定性，在冲击与回转的同时，施加一定的推进力，可改善冲击功的传递，加强冲击效果。

砂砾层中钻进对钻头的耐磨性、抗冲击性等参数要求较高。从前四种方案的钻进结果来看，钻头磨损严重，寿命较短。由于砂砾层中砾石的研磨性极强，胶结性差，钻头回转作用下，砾石产生松动，部分砾石发生不规则运动。切削刃(齿)在砾石的剧烈冲击下崩掉、断裂或严重磨损，导致钻进效率急剧下降。另外，孔内粒径小的砾石在不规则运动下可能聚集，进而堵卡钻头，严重影响钻进效率。方案 6# 中的金刚石合金复合球冠柱齿钻头结合了硬质合金的抗冲击性能和金刚石研磨性能，同时钻头的切削刃为球冠齿顶结构，钻进过程中钻头与岩石的接触着力面积小，因而在回转时的阻力较小。此外，适度提高冲击功也能改善砾石层的钻进效率。故方案 6# 的钻进工艺及钻头匹配对砂砾石地层具有较好的适应性，钻进效果相对较好。

砂砾石层颗粒分布特征对钻进性有较大的影响。从第 2 章中砂砾层的粒度分析资料(颗粒级配曲线、颗粒组成表)可以看出，黏粒含量约为 1.36%，粗颗粒占比较大，颗粒间胶结程度低，同时，粒径小于 30 mm 的砾石占总体的 76%。在前四种钻进方案中曾选用 ϕ28 mm 的钻头，试验后钻头全部被崩断、损坏、严重变形，大幅降低钻进效率。这主要是因为在冲击回转时含量较高的粒径 30 mm 以下颗粒对 ϕ28 mm 的钻头产生较大的冲击破坏及堵塞作用，钻头切削刃常会卡在孔壁、砾石上，从而产生崩刃、掉齿、卡钻现象。此外，粗粒 P_5（直径>5 mm）的含量约为 70%，粒间以砂质胶结为主，在成孔时孔径不会发生明显的扩大。因此，在选择钻头直径时，应选择直径大于 30 mm 的钻头，如ϕ32 mm、ϕ42 mm 等。

值得注意的是，采用水作为洗孔介质时应少用或不用水冲洗钻孔，这样可以降低或避免水对地层及孔壁稳定性产生破坏作用。另外，应选择适宜的转速参数，若转速过大，钻杆会产生较大的离心力，撞击孔壁，导致塌孔。

综上所述，在沙吉海矿区中生代砂砾石层进行锚孔的钻进，采用冲击-回转式破岩明显优于回转式，同时，鉴于砾石的研磨性极强、硬度高，这就要求钻头具有良好的耐磨性及抗冲击性，而方案 6# 中的金刚石合金复合球冠柱齿钻头不管是从结构上还是材质上，均对砂砾石地层有较好的适应性。试验结果表明砂砾石层颗粒分布特征对钻进性有较大的影响，在选择钻头直径时，应选择直径大于 30 mm 的钻头。此外，进水量、转速、冲击功等钻进参数对成孔效果也有较大的影响。通过合理地选择钻进参数，优化钻机、钻具匹配及钻进工艺，最后采用 YT29 凿岩机配金刚石合金球冠柱齿钻头进行钻进，可以明显提高钻进效率，延长钻头寿命，钻进效果较好，基本可实现普通锚孔、注浆孔的钻进。

3.3 砂砾层可注性

沙吉海矿中生代砂砾层为不稳定地层，粒间胶结性差，固结程度低，成岩作用较差，整体强度不高，上覆岩层为富水性较强的含水中砂岩，平均厚度为 50 m，含水形式为孔隙水、微裂隙水。砾石之间充填程度不一，局部充填不好者形成许多大孔隙，成为导水通道，极易发生巷道突水、围岩失稳破坏，造成重大人员与财产损失，因此，首先有必要了解对砂砾石地层注浆加固与止水的可行性，而地层的可注性分析研究是进行注浆加固的前期工作，也为后续巷道支护方案的确定提供科学依据。

砂砾层是由粒径不同的粗细颗粒组成的，粒径较大的砂砾颗粒间没有或仅有较小的的黏结力，形成松散结构，一般而言，这种岩土介质可进行渗透注浆。以下就砂砾地层的可注性、可注比、可注性判别准则等进行分析。

3.3.1 可注性的定义

对于岩土介质的可注性（水利工程领域称为可灌性）目前还没有一个统一的、固定的定义，不同的行业、领域存在着不同的解释。

通常情况下人们多以可注比或是透水性来表述地层的可注性，但这样是存在偏差的、不全面的。可注比只包括了浆液能否被注入岩土介质的能力，而透水性反映的是水在岩土介质内的渗透能力，毕竟水与浆液是有区别的，浆液是颗粒型流体，具有一定的黏性，因此，透水性好的岩体地层，其浆液可注性未必好，但透水性也决定着浆液在被注介质内的渗透性，若不透水，则地层肯定是不可注的[133]。

王子明等[134]指出，可注性的含义应该是具有防渗加固作用的浆体的流动性和稳定性的综合效应，凡是影响浆体流变特征和稳定性的因素都影响着浆体的可注性[135]。

综上，这里我们可以简单地定义砂砾地层的可注性为：在确定的砂砾地层地质条件下，在一定注浆压力下，所选注浆浆液渗透到被注介质内的能力及浆液在被注介质内的渗透能力。该定义里包括了注浆浆液注入地层的可注入能力与浆液的流动能力。所谓可注性好就是所选浆液较容易注入地层并在地层内具有较好的流动性。很显然，砂砾层的可注性是决定巷道围岩注浆效果的先决条件。

3.3.2　砂砾地层可注性的的主要影响因素

从砂砾层可注性的定义我们可以总结出影响可注性的主要因素有三类，第一类是被注地层的地质特性，主要有颗粒级配、裂隙分布特征、填充情况、胶结情况等；第二类是浆液性质，主要包括浆液颗粒的细度、黏度以及浆液流变性能等；第三类是注浆工艺，主要有注浆压力、注浆方法、注浆设备等。

因此，从理论上来说，在分析、判别地层可注性时候，需重视以上三类影响因素中的任一个，综合考虑各自的影响，但在实际进行地层可注性定量评价的过程中，要充分考虑到各个因素那是比较困难的，可操作性差。

3.3.2.1　颗粒级配

颗粒级配对地层可注性有较大的影响。我国曾基于大量工程实践资料整理出 4 条特征曲线作为地基对不同浆液可注性的界线，如图 3-12 所示。被注地层颗粒级配曲线位于 A 线左侧时，易接受水泥灌浆；当地层颗粒级配曲线位于 B 线及 A 线之间时，该地层可接受水泥黏土注浆；当地层颗粒级配曲线位于 C 线及 B 线之间时，易接受一般的水泥黏土注浆；位于 D 线及 C 线之间时，需使用膨润土与磨细水泥注浆；位于 D 线右侧时，该地层较难被注入。

3.3.2.2　渗透系数

一定程度上，砂砾地层的渗透系数可以反映其可注性。砂砾石层天然有效粒径与渗透系数存在着以下的关系[136]：

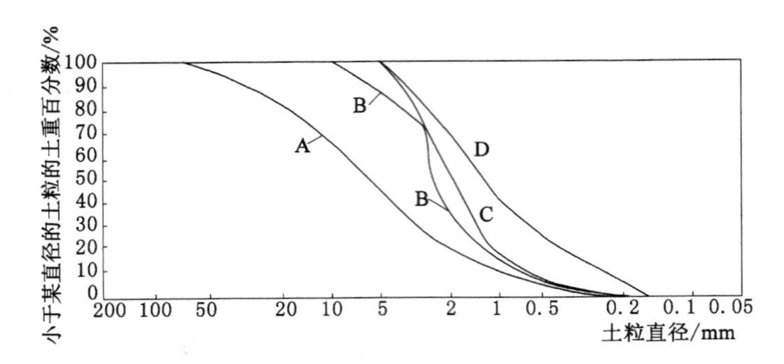

A—接受纯水泥浆的分界线；B—接受水泥黏土浆的分界线；
C—接受一般水泥黏土注浆的分界线；D—接受膨润土和磨细水泥浆的分界线。

图 3-12 可注性判定的颗粒级配曲线

$$K = \sigma D_{10}^{2} \tag{3-1}$$

式中 K ——砂砾层的渗透系数，cm/s；

σ ——系数；

D_{10} ——砂砾层的有效粒径。

一般而言，当 $K>60$ m/d 时，可注水泥浆；$K=30$ m/d 时，可注水泥黏土浆；$K<30$ m/d 时，宜用化学灌浆。

3.3.2.3 注浆材料的细度

注浆材料的颗粒大小是影响浆液注入能力的主要因素。理论上来说，只要注浆材料的粒径 d 小于被注介质的有效孔径 D_P，浆液就可能被注入。但是还必须考虑到的是浆液浓度较大时，颗粒往往以多粒的形式同时进入被注介质孔隙，引起注浆通道的堵塞[137]。

3.3.2.4 浆液的流变性

注浆浆液的黏度和流动性对其注入能力有很大的影响，王子明等[134]用流变性和稳定性的测量值塑性黏度 η_{pl} 和淤积流速 v_c 来表示，可注性 M 为：

$$M = K\frac{1}{\eta_{pl}v_c} \tag{3-2}$$

式中 v_c——浆液的淤积流速，cm/s；

η_{pl}——浆液的塑性黏度，dyne · s/cm^2(1 dyne · s$=10^{-5}$N)；

K——常数。

3.3.2.5 注浆压力

某些地层虽为不可注地层，但是也可以提高一定的注浆压力，使得岩土体发生一定程度的劈裂破坏，进而引起裂隙的张开、贯通及次生裂隙和孔隙的增多，为注浆创造了条件。因提高注浆压力而引起的水力劈裂，使得不可注的地层变为可注了。

3.3.3 岩土介质的可注比 *GR*

对于多孔介质，可注比主要有以下定义：

（1）Mitchell[138]公式：

$$GR = \frac{D_{15}}{D_{85}} \tag{3-3}$$

（2）King 和 Bush[139]公式：

$$GR = \frac{D_{10}}{D_{95}} \tag{3-4}$$

其中，D_{10} 和 D_{15} 分别为地层介质颗粒在颗粒大小分布曲线上占 10％和 15％的对应直径；D_{85} 和 D_{95} 分别为注浆材料在颗粒级配曲线上占 85％和 95％的对应直径。

3.3.4 砂砾层可注性分析与判别准则

目前国内外对地层可注性的判别准则并不完全统一，这是由于工程背景、研究对象的不同，而形成的认识不同。工程上一般常用可注比 *GR*、渗透系数 *K*、耗浆率 *g* 等指标评价砂砾地层的可注性。

3.3.4.1 可注比判别准则

对于多孔介质，*GR* 采用公式(3-3)得到，Mitchell 认为 $GR \geqslant 25$ 才能保证注浆成功；若 $GR < 11$，则不能用水泥浆灌注；若 $11 \leqslant GR < 19$，则有可能不能采用水泥浆来灌注。

而 King 和 Buh 认为，$GR \geqslant 16$，地层才可注。另外，Bell 认为水泥浆的颗粒直径必须小于被注介质颗粒直径 D_{10} 的 1/10[140]。

3.3.4.2 渗透系数(透水性)判别准则

岩土介质的渗透系数对其可注性的影响较大，通过大量的工程实践，目前在采用渗透系数衡量地层可注性方面也取得了较大的成果。文献[60]总结出粒状注浆介质的可注性评判表(表 3-5)。

表 3-5 粒状注浆介质可注性评判表

有效粒径 D_{10}/mm	细粒含量/％	渗透系数/(cm/s)	可注性分类
＞0.5	—	$>10^{-1}$	可注水泥浆、水泥黏土浆
0.5～0.2	＜12	$10^{-2} \sim 10^{-3}$	易注化学浆

表 3-5(续)

有效粒径 D_{10}/mm	细粒含量/%	渗透系数/(cm/s)	可注性分类
0.2～0.1	12～20	10^{-3}～10^{-4}	适度可注化学浆
<0.1	20～25	10^{-4}～10^{-5}	难注化学浆

文献[140]归纳出不同地层不同注浆材料适用的渗透系数(表 3-6)。

表 3-6　不同注浆材料可适用地层的渗透系数

注浆材料	可注地层的最小渗透系数	
	cm/s	m/d
水泥细砂浆	1	800
普通水泥浆	0.2	170
掺入减水剂的水泥浆	0.1	100
水泥黏土浆	0.05	40
黏土浆	0.05	40
磨细水泥黏土浆	0.02	20
膨润土浆	0.01	10
硅酸钠	0.01	10

龙建新[143]通过对不同砂砾石的典型颗粒级配进行大量的渗透试验，得到了如下结论：砂砾石层的渗透系数是由细粒含量决定的，当细粒(粒径小于 0.1 mm)含量大于 25%时，地层的渗透系数小于 5^{-10} cm/s；当细粒含量约为 15%时，地层的渗透系数小于 3^{-10} cm/s；当细粒含量小于 15%时，地层的渗透系数与 25%含量粒径所在的砂砾组的渗透系数接近。

3.3.4.3　耗浆率评判准则

目前岩体可注性的测试工作尚未形成一套可操作强、可行有效的测试方法，仍处于定性认识阶段，工程上大多数采用钻孔压水试验所得的透水率来评判岩体的可注性，但毕竟水和注浆浆液是有明显差别的，采用透水率单一指标进行可注性评价是存在缺陷的。为此，黄向春[135]引入一个新的物理量——耗浆率来表征岩体的可注性，其含义是一定压力条件下，在单位时间内、单位试验段长度内所消耗的浆液量。

$$g = \frac{Q}{l} \cdot \frac{1}{p} \tag{3-5}$$

式中　g ——试验段耗浆率，L/(min · m · MPa)；

l——试验段长度，m；

Q——试验段的浆液流量，L/min；

p——试验段注浆压力，MPa。

由耗浆率的定义可知，通过现场注浆试验便可测得岩体的耗浆率，并基于可注性分级准则（表3-7），便可对地层进行简单的可注性分级，从而定量评价岩体可注性。

表3-7　岩体可注性分级

序号	可注性级别	耗浆率 g/[L/(min・m・MPa)]
1	极微可注性	$g<0.1$
2	微可注性	$0.1\leq g<1$
3	弱可注性	$1\leq g<10$
4	中等可注性	$10\leq g<100$
5	强可注性	$g\geq 100$

依据Mitchell提出的可注性判别准则，结合第2章已完成的沙吉海矿区砂砾石颗粒级配曲线及典型水泥颗粒分布曲线，可得 $GR=26.32\geq 25$，地层可注。从第2章中的砂砾石地层颗粒级配曲线可得砂砾的有效粒径 D_{10} 为0.7 mm，水泥的颗粒一般为20～60 μm，小于 $D_{10}/10$，根据Bell的观点，认为地层是可注的。此外，依据文献[60]，$D_{10}>0.5$ mm，$k>0.1$ cm/s，亦可判别该砂砾层可注水泥浆、水泥黏土浆。在后续的章节将会介绍现场所完成的注浆测试工作。

3.4　注浆材料配比试验

沙吉海煤矿中生代砂砾石层砾石大小不一，形状各异，分布极为不均，粗细颗粒间胶结性差、结合力低，地层固结程度不好，成岩作用差，结构较松散，导致巷道围岩的整体强度低，自稳能力不足，加上砂砾石层上覆岩层为强富水中砂岩含水层，这样就使得巷道的稳定性恶化，因而进行注浆加固、堵水的浆液需满足在较短时间内具有较好的流动性，凝结速度快，并且固结体具有较高的早期强度和后期强度，为此，此次试验主要研究浆液的流动性、析水率、凝结时间、单轴抗压强度等四个性能指标。影响注浆浆液性能的因素很多也比较复杂，但在注浆材料品种、施工工艺等一定的条件下，主要应考虑不同水灰比及掺合比对其综合性能的影响。

3.4.1 试验材料及仪器设备

3.4.1.1 试验材料

目前用的注浆材料有化学浆液和水泥浆液两大类，化学浆液因价格昂贵、污染环境，仅应用于用量较小的特殊局部加固。在了解各种水泥基浆液基本性质的基础上，结合现场工程岩体结构、地质构造、水文地质条件等，选取P.O 42.5普通硅酸盐水泥、超细水泥、水玻璃三种注浆原材料。

(1) 普通水泥

水泥浆液是以水泥为主料，用水调剂成浆液或根据需要添加一定量的附加剂的浆液。通常认为，注浆所用水泥颗粒细度应为裂隙宽度的1/3～1/5。为了提高浆液固结体的强度，特别是早强强度，宜选用P.O 42.5普通硅酸盐水泥，矿渣水泥因早期强度低、泌水量大而不宜采用。

(2) 超细水泥

超细水泥是一种性能优越的注浆材料，其最大粒径一般在12 μm以下，平均粒径为3～6 μm，比表面积相当大，因而在非常细小的裂隙中的渗透能力远高于普通水泥。超细水泥的颗粒化学性质活泼，能快速凝固达到较高的强度，而且具有较高的耐久性，所制的浆液稳定性好，不污染环境。本次浆液配合比试验选用德美建筑材料工程有限公司生产的DMFC-600灌注用超细水泥，其主要物理力学性能参数见表3-8、表3-9。

表3-8 DMFC-600灌注用超细水泥的物理性质

外观	密度/(g/cm³)	气味	毒性	细度		
				比表面积/(cm²/g)	中位粒径 D_{50}/μm	最大粒径 D_{max}/μm
浅灰色粉末	2.99	无	无	6 500	9	90

表3-9 DMFC-600灌注用超细水泥的力学性质

抗折强度/MPa			抗压强度/MPa		
3 d	7 d	28 d	3 d	7 d	28 d
5.2	8.5	11.2	37.8	41.1	62.1

(3) 水玻璃

水玻璃是一种黏稠液体，水解后呈碱性，其分子式为$Na_2O \cdot nSiO_2$。在水泥浆液中掺一定量的水玻璃，可以加快浆液的凝结速度，提高结石率及强度，对孔隙率较大的岩层能够起到良好的加固和防渗效果。注浆时，一般要求水玻璃的模数在 2.4～3.4 之间，浓度范围为 35～40 °Bé 较为适宜。

本次浆液配合比试验选用北京迈克龙力化工产品有限公司生产的水玻璃，其主要物理化学性能指标见表 3-10。

表 3-10　迈克龙力水玻璃主要物理化学性能指标

外观	密度/(g/cm³)	水不溶物含量/%	氧化钠含量/%	模数 M	二氧化硅含量/%	波美度
半透明黏稠状液体	1.387	0.46	9.87	3.25	30.8	38

3.4.1.2　仪器设备

试验涉及的主要仪器、设备如图 3-13～图 3-16 所示。

图 3-13　流动性试模

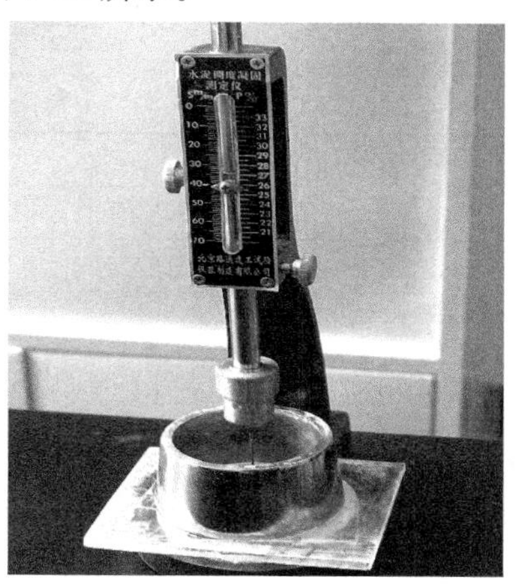

图 3-14　标准维卡仪

图 3-15　标准养护室

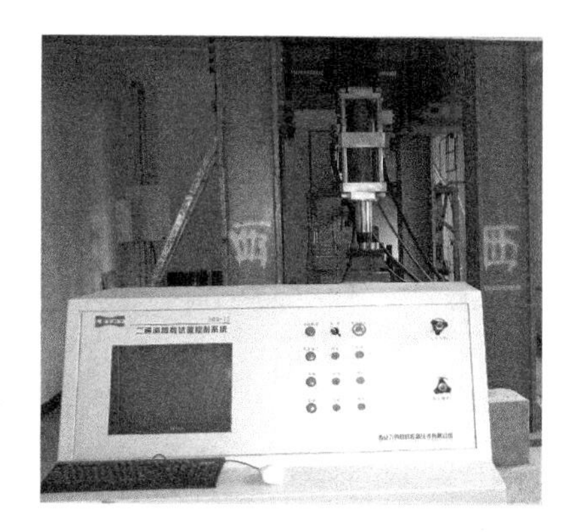

图 3-16　二通道加载试验系统

3.4.2 浆液配比方案与测试方法

3.4.2.1 浆液配比方案[144]

参考注浆相关文献资料及以往注浆工程实践经验，采用不同的水灰比进行浆液配比试验，水泥浆液拟定的水灰比（$W:C$）为：0.6∶1，0.8∶1，1∶1，1.2∶1，超细水泥浆液的水灰比（$W:C$）拟定为0.6∶1，0.8∶1，1∶1，1.2∶1。水玻璃模数为2.4～3.4，波美度38 °Bé。先将P.O 42.5普通硅酸盐水泥配制成不同水灰比的水泥浆，再将水泥浆和水玻璃按照不同的体积比配制成水泥水玻璃浆液进行试验。拟定的水泥浆液水灰比（$W:C$）为：:0.6∶1，0.8∶1，1∶1，1.2∶1，水泥浆与水玻璃的体积比（$C:S$）为：1∶0.6，1∶0.8，1∶1，1∶1.2，浆液配比方案见表3-11。

表3-11 浆液配比方案

<table>
<tr><td rowspan="2"></td><td colspan="4">浆液名称</td></tr>
<tr><td>水泥浆</td><td>超细水泥浆</td><td colspan="2">水泥水玻璃浆</td></tr>
<tr><td>水灰比</td><td>W∶C</td><td>W∶C</td><td>W∶C</td><td>C∶S</td></tr>
<tr><td rowspan="16">配方</td><td rowspan="4">0.6∶1</td><td rowspan="4">0.6∶1</td><td>0.6∶1</td><td>1.0∶0.6</td></tr>
<tr><td>0.6∶1</td><td>1.0∶0.8</td></tr>
<tr><td>0.6∶1</td><td>1.0∶1.0</td></tr>
<tr><td>0.6∶1</td><td>1.0∶1.2</td></tr>
<tr><td rowspan="4">0.8∶1</td><td rowspan="4">0.8∶1</td><td>0.8∶1</td><td>1.0∶0.6</td></tr>
<tr><td>0.8∶1</td><td>1.0∶0.8</td></tr>
<tr><td>0.8∶1</td><td>1.0∶1.0</td></tr>
<tr><td>0.8∶1</td><td>1.0∶1.2</td></tr>
<tr><td rowspan="4">1.0∶1.0</td><td rowspan="4">1.0∶1.0</td><td>1.0∶1.0</td><td>1.0∶0.6</td></tr>
<tr><td>1.0∶1.0</td><td>1.0∶0.8</td></tr>
<tr><td>1.0∶1.0</td><td>1.0∶1.0</td></tr>
<tr><td>1.0∶1.0</td><td>1.0∶1.2</td></tr>
<tr><td rowspan="4">1.2∶1</td><td rowspan="4">1.2∶1</td><td>1.2∶1</td><td>1.0∶0.6</td></tr>
<tr><td>1.2∶1</td><td>1.0∶0.8</td></tr>
<tr><td>1.2∶1</td><td>1.0∶1.0</td></tr>
<tr><td>1.2∶1</td><td>1.0∶1.2</td></tr>
<tr><td>组数</td><td>4组</td><td>4组</td><td colspan="2">16组</td></tr>
</table>

注：$W:C$为浆液的水灰比，$C:S$为浆液的体积比（水泥浆的体积∶水玻璃的体积）。

3.4.2.2　浆液性能指标测试方法[145]

(1) 浆液析水率

析水率是指浆液静置一段时间后，容器上面析出的水体积占浆液总体积的比例。浆液析水是由浆液颗粒沉降和体积收缩所引起的。析水性较小的浆液，其稳定性好，注浆时易控制，而析水性较大的浆液，对注浆效果影响较大，可能导致浆液流动性变差，造成机具和灌浆通道的堵塞，并使结石强度均匀性降低；若析水作用发生在注浆结束之后，则可能在注浆体的顶部造成空穴，如不进行补注，将使得注浆效果大打折扣。

采用 100 mL 的量筒，将拌制好的不同配合比浆液装入量筒中，静置2 h后读出量筒上部析出清水的高度(即毫升数)，该高度数即为析水率。

(2) 浆液流动性

浆液的流动性表示浆液在自重或外力作用下流动的性能，它直接影响注浆施工工艺——注浆材料流动性好，管道输送容易，可泵性和填充性好，注浆扩散半径大；浆材料流动性差，管道输送困难，可泵性差，注浆扩散半径小。

参考 JC/T 985—2017《地面用水泥基自流平砂浆》采用流动性试模进行试验[146]。

(3) 浆液凝结时间

浆液凝结时间是指从水泥等胶凝材料加入水搅拌后，到浆体失去流动性，具有可塑性，并形成一定强度固结体所经历的时间。凝结时间是浆液性能的重要参数之一，必须合理地调控好注浆浆液的凝结时间。凝结时间过短容易导致浆液还未开始注入岩土体，就已经在注浆管内丧失流动性，造成堵管现象，也会影响浆液的扩散半径。凝结时间过长，一方面，浆液泌水量将增大，引起固结体体积的大幅度收缩，导致加固体开裂，影响最终的注浆加固效果；另一方面，凝结时间过长，开挖后围岩的变形得不到及时有效的控制，特别是对于松散、破碎和软弱的岩层，容易产生严重冒顶现象。

浆液的凝结时间包括初凝时间和终凝时间，测定方法可参照 JGJ/T 70—2009《建筑砂浆基本性能试验方法》，采用标准维卡仪进行测试。

(4) 浆液固结体抗压强度

强度问题是浆液性质最重要的内容之一，对松散软岩进行注浆加固，浆液不仅需要满足较短凝结时间的要求，而且必须具有较高的早期和后期强度，保证整个加固体的强度和浆液结石体与锚杆的黏结强度，以达到设计的锚固力。一般而言，要求浆液的早期强度达到软质岩层无侧限抗压强度(0.2 MPa)，后期强度略大于强风化岩天然抗压强度(2.5 MPa)即可，但是确定浆液的强度还需要综合考虑现场施工条件和工程地质条件。

对不同配比及掺合比的浆液固结立方体进行3 t、7 t和28 t三个龄期的抗压强度试验，同一组应进行3个试件的测试，以3个试件测值的算术平均值作为该组试件的抗压强度值，平均值计算精确至0.1 MPa。

3.4.3 试验结果及分析

将不同浆液不同配比的各性能指标测试数据整理成表3-12～表3-14。

表 3-12 水泥浆液不同水灰比试验成果

编号	水灰比 (W∶C)	析水率 /%	流动性 /cm	凝结时间/h		抗压强度/MPa		
				初凝	终凝	3 d	7 d	28 d
SN1	0.6∶1	9	17.4	7.05	12.62	5.18	11.69	22.11
SN2	0.8∶1	16	27.9	10.4	16.9	3.2	7.58	12.23
SN3	1.0∶1	28	33.0	14.67	22.08	2.94	4.5	10.14
SN4	1.2∶1	40	37.7	19.37	29.75	2.34	2.86	5.33

表 3-13 超细水泥浆液不同水灰比试验成果

编号	水灰比 (W∶C)	析水率 /%	流动性 /cm	凝结时间/h		抗压强度/MPa		
				初凝	终凝	3 d	7 d	28 d
CN1	0.6∶1	4	15.3	3.37	7.57	13.2	21.8	35.52
CN2	0.8∶1	7	27.2	4.65	11.68	9.9	15.45	23.65
CN3	1.0∶1	20	33.2	5.55	14.8	6.56	11.4	15.61
CN4	1.2∶1	32	38.8	6.68	16.8	5.63	9.22	12.34

表 3-14 水泥水玻璃浆液不同配合比试验成果

编号	水灰比 (W∶C)	体积比 (C∶S)	流动性 /cm	凝结时间/s		抗压强度/MPa		
				初凝	终凝	3 d	7 d	28 d
CS1	0.6∶1	1.0∶0.6	23.8	45	81	3.9	9.08	13.56
CS2	0.6∶1	1.0∶0.8	27.6	49	88	3.4	8.8	12.24
CS3	0.6∶1	1.0∶1.0	29.6	54	104	2.6	7.5	10.53
CS4	0.6∶1	1.0∶1.2	30	59	133	2.0	7.1	9.60
CS5	0.8∶1	1.0∶0.6	27.4	47	82	3.3	6.65	8.85
CS6	0.8∶1	1.0∶0.8	29.7	56	96	2.6	5.40	7.52
CS7	0.8∶1	1.0∶1.0	30.9	61	109	2.25	5.10	7.3

表 3-14(续)

编号	水灰比(W∶C)	体积比(C∶S)	流动性/cm	凝结时间/s		抗压强度/MPa		
				初凝	终凝	3 d	7 d	28 d
CS8	0.8∶1	1.0∶1.2	32.1	70	134	1.8	4.61	6.2
CS9	1.0∶1.0	1.0∶0.6	29	53	97	2.9	5.94	7.24
CS10	1.0∶1.0	1.0∶0.8	32.6	63	112	2.16	5.15	6.02
CS11	1.0∶1.0	1.0∶1.0	33.1	71	133	1.4	4.85	5.75
CS12	1.0∶1.0	1.0∶1.2	34.2	88	141	0.9	3.26	5.1
CS13	1.2∶1	1.0∶0.6	32.2	84	146	1.9	3.15	4.8
CS14	1.2∶1	1.0∶0.8	36.4	87	150	1.31	2.63	3.92
CS15	1.2∶1	1.0∶1.0	36.7	91	155	0.85	2.0	3.17
CS16	1.2∶1	1.0∶1.2	36.9	150	222	0.43	1.48	2.9

3.4.3.1　普通水泥浆液试验结果

将不同配比的浆液各性能指标测试成果绘制成相关曲线，如图 3-17～图 3-19所示。

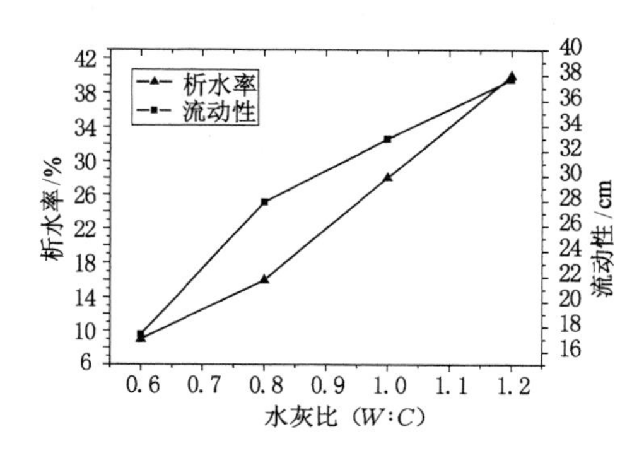

图 3-17　水灰比对析水率、流动性的影响曲线

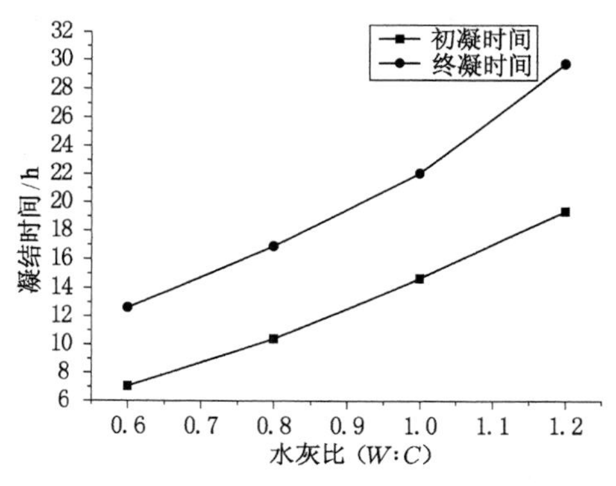

图 3-18　水灰比对凝结时间的影响曲线

从图 3-17～图 3-19 中可以看出，随着水灰比的增大，水泥浆液的析水率明显增加，当水灰比大于 0.8 后，析水率增加的幅度也显著增大。随着水灰比的增大，水泥浆的流动性也加大，当水灰比在 0.6～0.8 时，流动性增加较为显著，水灰比大于 0.8 之后，流动性增加的幅度减小，约降低了 53%。随着水灰比的增大，水泥浆的初凝时间和终凝时间均显著上升，水灰比为 1.2 时的初凝时间和终凝时间分别是水灰比为 0.6 时的 2.75 倍和 2.38 倍，说明水对水泥浆的凝结时

间影响非常大。水泥浆固结体 3 个龄期的抗压强度随水灰比的增大而降低，其中水灰比为 0.6～0.8 时，强度降低的幅度较大，而大于 0.8 后固结体强度下降的速度变慢，影响减小；相比较 3 个龄期的强度，水灰比对水泥浆 28 d 强度的影响最大。

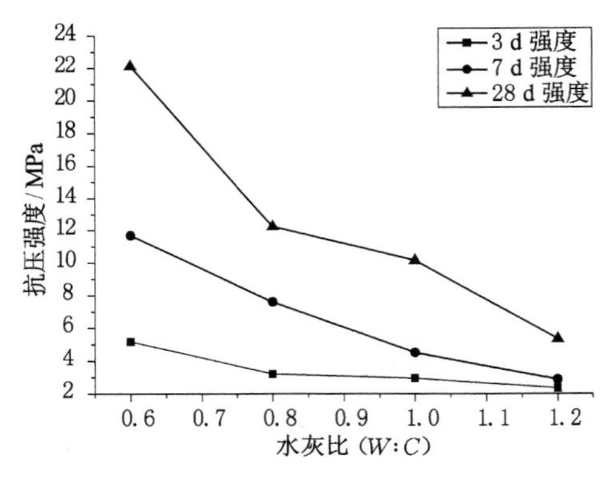

图 3-19　水灰比对抗压强度的影响曲线

3.4.3.2　超细水泥浆液试验结果

将不同配比的浆液各性能指标测试数据成果绘制成相关曲线，如图 3-20～图 3-22 所示。

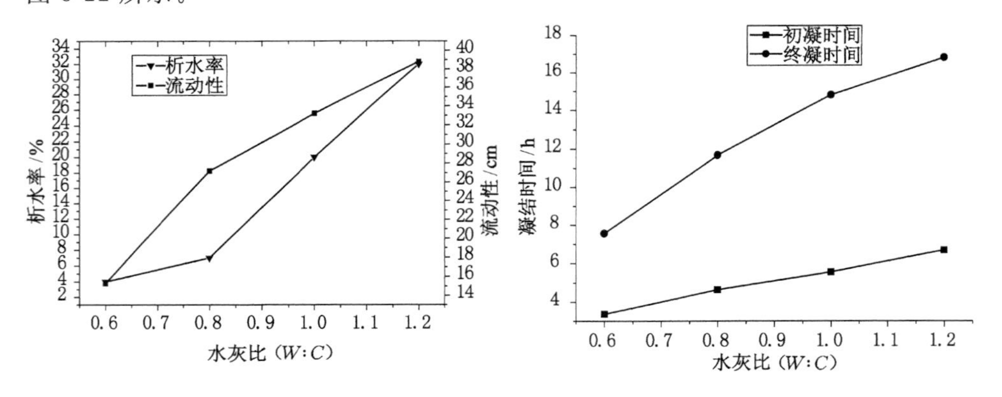

图 3-20　水灰比对析水率、流动性的影响　　图 3-21　水灰比对凝结时间的影响

从图 3-20～图 3-22 中可以看出，超细水泥浆液的析水率随着水灰比的增大而增加，当水灰比大于 0.8 后，析水率增加的幅度也明显增大。随着水灰比的增大，超细水泥浆的流动性增大，水灰比大于 0.8，流动性增加趋于缓慢。超细水泥浆的初凝时间和终凝时间均随着水灰比的增大而增大，终凝时间曲线较初凝时间曲线陡，说明水灰比对终凝时间的影响比初凝时间大。超细水泥浆固结体

3 d,7 d 和 28 d 的抗压强度曲线形状相似,变化规律基本相同,强度均随水灰比的增大而降低,水灰比在 0.6～1.0 之间时,强度降低的幅度比较大,其中 28 d 龄期水灰比为 1.0 的强度降低到水灰比 0.6 的 0.44;水灰比为 1.0～1.2 时,3 个龄期强度降低的幅度减小。超细水泥的早期强度比较高,可达到 21.8 MPa。

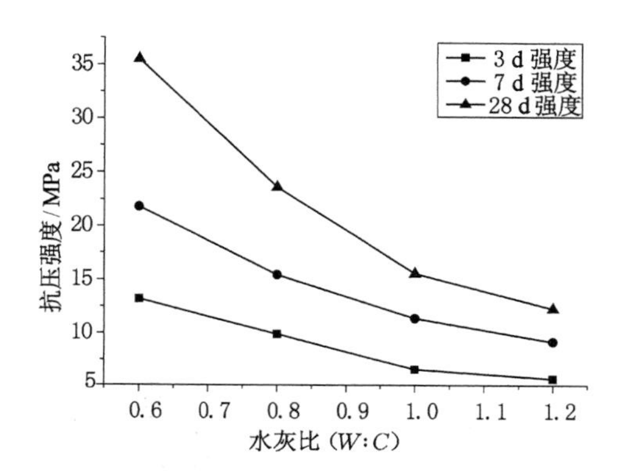

图 3-22 水灰比对抗压强度的影响

3.4.3.3 水泥水玻璃浆液(CS 浆液)试验结果

水泥水玻璃浆液不同配合比及掺合比的各项性能测试成果见图 3-23～图3-27。

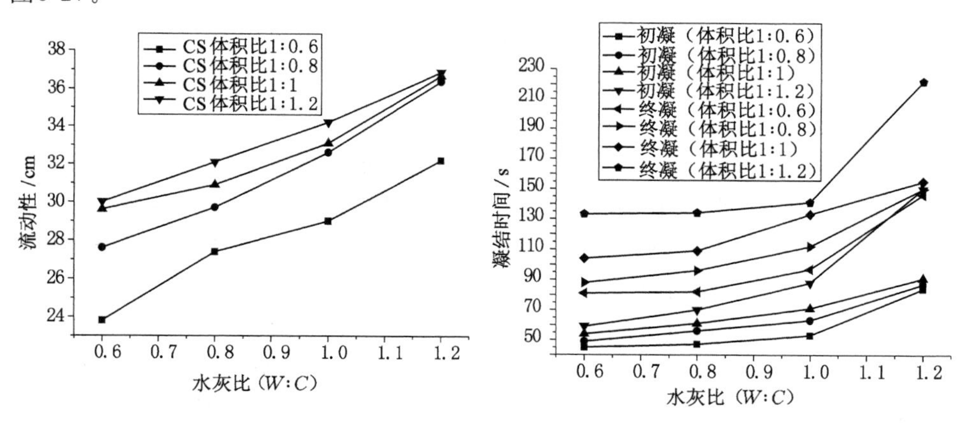

图 3-23 水泥水玻璃浆液流动性曲线

图 3-24 水泥水玻璃浆液凝结时间曲线

由图 3-23～图 3-27 可以看出,水泥水玻璃浆液的流动性随水灰比的增大而增大,水灰比不变的情况下,随体积比的增大而降低,即 CS 浆液中水泥浆的百分比加大,则浆液的流动性减弱。CS 浆液的初凝时间和终凝时间比较短,一般

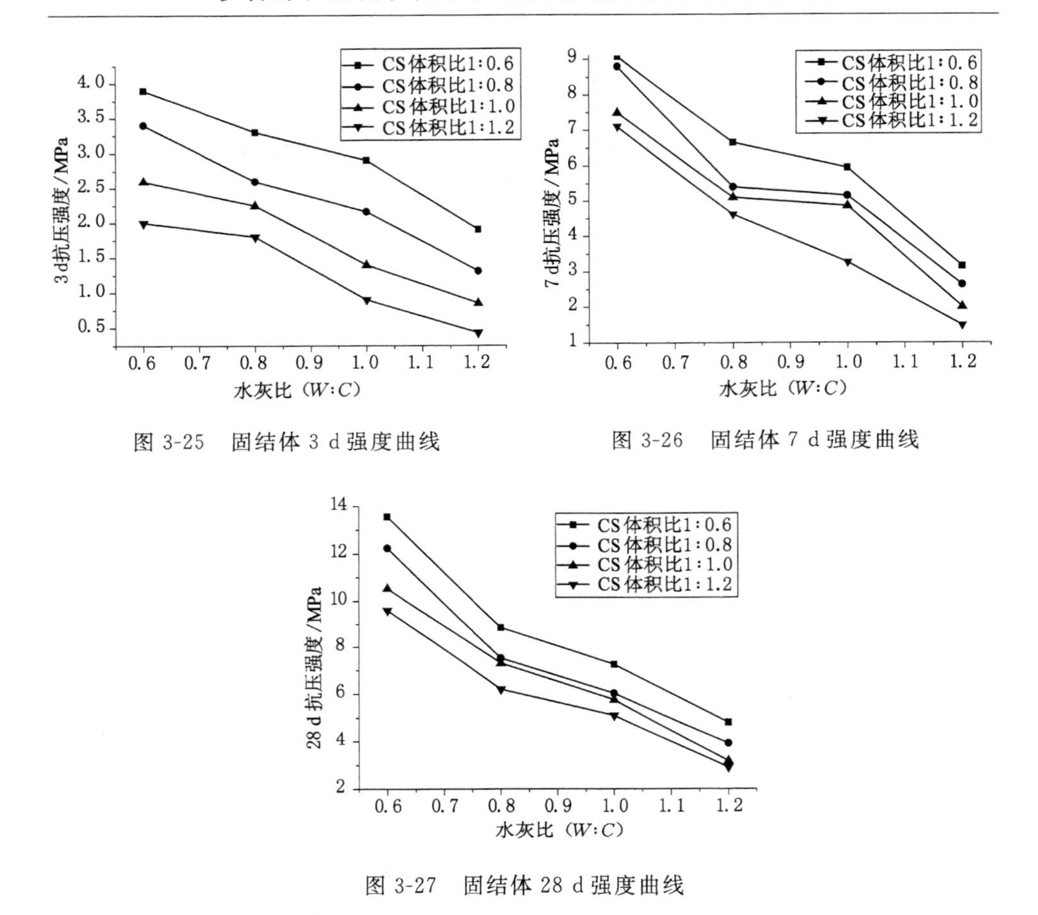

图 3-25　固结体 3 d 强度曲线

图 3-26　固结体 7 d 强度曲线

图 3-27　固结体 28 d 强度曲线

在 4 min 内，随着水灰比的增大而延长，并且增大的幅度在上升，当 CS 体积比为 1∶1.2 时，水灰比对其初凝和终凝时间的影响最显著。随着 CS 体积比的增长，初凝和终凝时间缩短，即水灰比不变的情况下 CS 浆液中水泥浆的百分含量增加，凝结时间变短，当体积比为 1∶0.8～1∶0.6 时，凝结时间降低趋于缓慢，当水灰比为 1.2 时，体积比对凝结时间的影响最明显。随着水灰比的增加，CS 浆液的强度降低，早期强度相对较高，可达 9.08 MPa；在水灰比不变的情况下，随着 CS 体积比的增加，强度随之增高，即 CS 浆液中水泥浆的含量加大，则强度随之增大。对比 3 个龄期的强度可知，体积比对 3 d 强度的影响较 7 d 和 28 d 的大。

3.4.3.4　浆液性能对比分析

析水率直接影响到浆液的稳定性，由图 3-28 可见，水泥浆和超细水泥浆的析水率随着水灰比的增加而上升，水灰比大于 0.8 时，析水率增大的幅度明显提高，因为浆液中的水分以自由水、强结合水和弱结合水存在，析出的水主要是自由水和部分弱结合水，随着浆液含水量的增加，自由水的溢出量增加，从而析水率也增大。相同水灰比的时候，水泥浆的析水率显著大于超细水泥浆的析水率；水灰比 0.8 时相差最大，水泥浆的析水率为超细水泥浆的 2.28 倍。由此可见，从减小和控制析水率的方面考虑，浆液的水灰比在 0.8 以下较为适宜。

由图 3-29 可知，水灰比在 0.6～0.8 之间时，CS 1∶1.2 浆液的流动性最大，超细水泥浆的流动性上升的幅度最大；当水灰比在 0.8～1.2 时，CS 1∶0.6 浆液的流动性最小，CS 1∶1.2 浆液的平均流动性最大，而超细水泥浆在水灰比 1.2时，流动性达到各浆液的最大值，扩散直径为 38.8 cm，是其最小值的 2.5 倍，表明超细水泥浆的流动性受水灰比的影响最大。

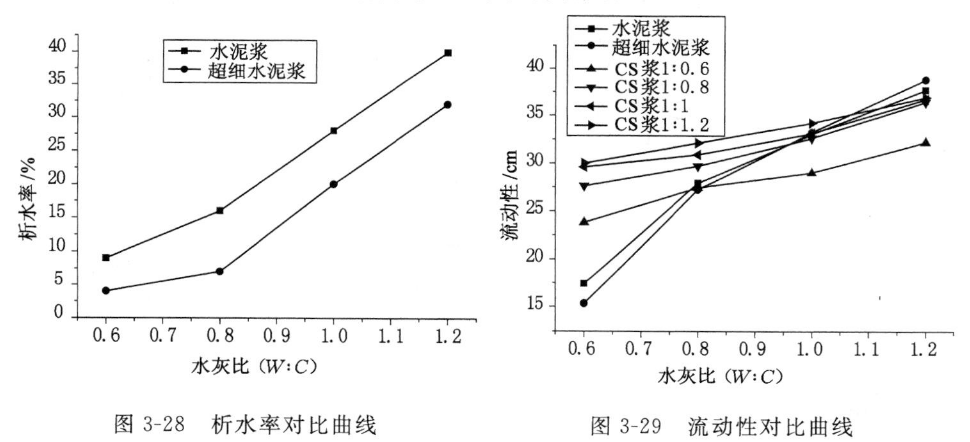

图 3-28　析水率对比曲线　　　图 3-29　流动性对比曲线

水泥浆的凝结时间与水化反应速度有关，水化反应越快，则凝结时间越短。由图 3-30 可以看出，水泥浆的初凝和终凝时间均显著高于超细水泥浆，水灰比大于 0.8 时，两者的凝结时间相差幅度的趋势在明显增加；当水灰比为 1.2 时相差最大，水泥浆的初凝时间(29.75 h)为超细水泥浆的 2.9 倍。与水泥浆和超细水泥浆相比，加入适量水玻璃后的 CS 浆液的凝结时间大幅度缩短，一般在 4 min之内。

由图 3-31～图 3-33 可以看出，超细水泥浆的早期强度(21.8 MPa)和后期强度(35.5 MPa)都远远高于水泥浆和 CS 浆。总体的趋势，水泥浆的强度介于超细水泥浆和 CS 浆之间，其水灰比 0.6～1.2 的早期强度在 2.34～11.69 MPa 的范围，后期强度在 5.33～22.11 MPa 的范围。CS 浆液各体积比的强度曲线比较接近，强度值相差不是很大，随水灰比的变化也比水泥浆和超细水泥浆的要平缓，但是早期强度和后期强度偏低，在 0.43～13.56 MPa 的范围内。

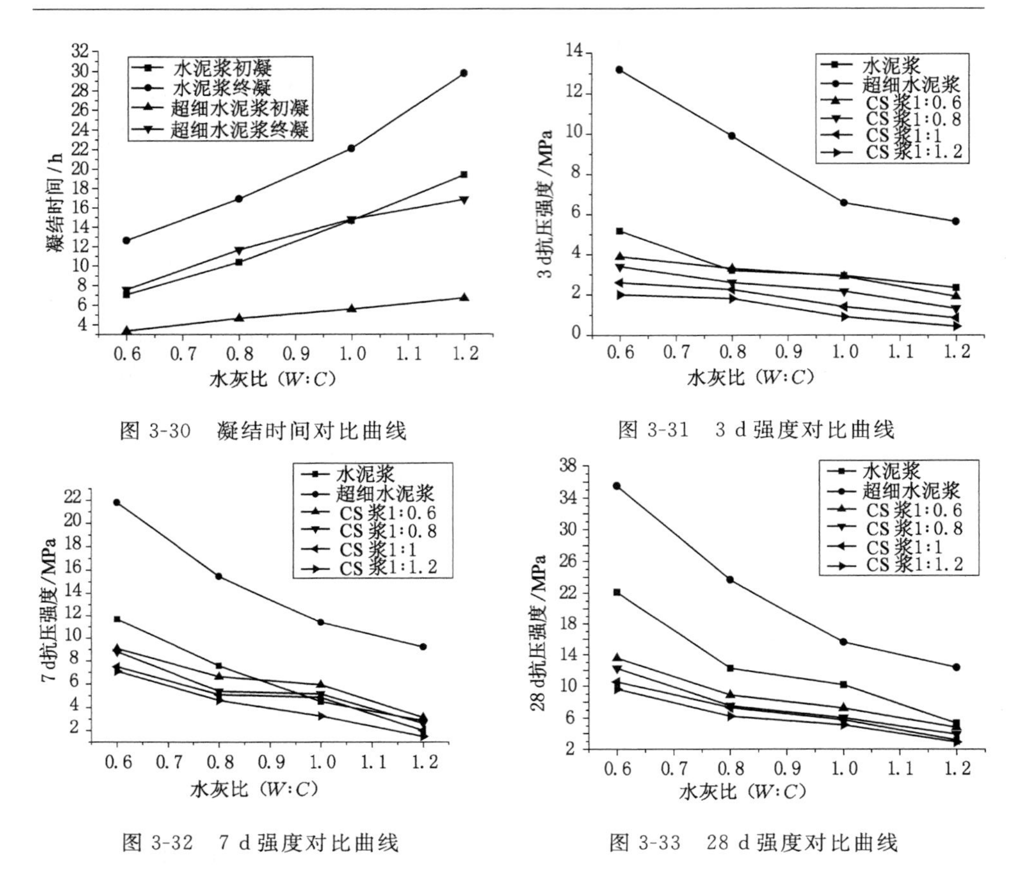

图 3-30　凝结时间对比曲线

图 3-31　3 d强度对比曲线

图 3-32　7 d强度对比曲线

图 3-33　28 d强度对比曲线

3.4.4　注浆材料及配比推荐

从以上对各浆液的性能指标测试结果的分析及其综合对比讨论可知，超细水泥浆固结体的早期强度和后期强度比较高，凝结时间也较普通硅酸盐水泥浆缩短了 1/2～1/3，但是其流动性在水灰比 0.6～0.8 时最小，受水灰比的影响最显著，并且超细水泥的价格比较高；普通硅酸盐水泥浆固结体的强度适中，耐久性可达到要求，材料来源丰富，价格较低，水灰比为 0.8 时，同时具有较好的可注性、抗离析性，较短的凝结时间（10.4 h）和较高的早期后期强度（7.58 MPa，12.23 MPa）；水泥浆加入水玻璃后凝结时间显著缩短，虽然会影响浆液结石体的强度，但是通过调节水灰比与体积比亦可满足工程的需求，由 CS 浆液的试验结果可知，水灰比 0.8∶1 体积比 1∶1 的 CS 浆液的凝结时间在 2 min 左右，强度可达 7.3 MPa，浆液的综合性能较好。鉴于现场砂砾层巷道围岩具有结构较松散、整体强度低、自稳力不足、覆岩富水性强等特点，注浆浆液需满足凝结时间较短、具有较高的早期后期强度的要求，因而推荐选用水灰比为0.8的普通硅酸盐水泥浆和体积比1∶1、水灰比0.8∶1的水泥水玻璃浆液进行现场注浆试验。

3.5　小结

通过现场不同的钻进方案试验，探讨了不同类型钻机及其不同钻进参数、钻头匹配等对钻进效果的影响；分析了沙吉海矿区中生代砂砾层的可注性，分析了不同注浆材料在不同配比下的性能参数，并给出了较优的浆液材料配比。试验及分析主要成果如下：

(1) 进水量、转速、冲击功、钻压等钻进参数对成孔效果有较大的影响。通过合理地选择钻进参数，优化钻机与钻具匹配、钻进工艺，采用YT29凿岩机配金刚石合金球冠柱齿钻头在砂砾层中钻进效果较好，钻进时效可达9.5 m/h，在纯砂砾层钻孔深度可达2 m左右，基本可实现普通锚孔、注浆孔的钻进。这也说明了在砂砾石层进行锚孔的钻进，采用冲击-回转式破岩明显优于回转式。

(2) 对于砾石强度极高、研磨性强、可钻性差的砂砾层，采用抗冲击性能及研磨性能好、结构合理的金刚石合金复合球冠柱齿钻头具有较好的适应性，钻进效果相对较好。

(3) 砂砾石层颗粒分布特征对钻进性有较大的影响。钻进试验结果表明：粒径小于30 mm的砾石(占总体的76%)对钻头产生较大的冲击破坏及堵塞作用，进而引起崩刃、掉齿、卡钻现现象。在选择钻头直径时，应选择直径大于30 mm的钻头，如ϕ32 mm、ϕ42 mm等。

(4) 依据Mitchell的可注性判别准则$GR=\dfrac{D_{15}}{D_{85}}\geqslant 25$及Bell的地层可注性判别标准，分析了沙吉海矿中生代砂砾地层的可注性，结果认为该地层是可注的。

(5) 对不同材料、不同配比的浆液各性能指标进行测试，结果表明超细水泥浆固结体的早期强度和后期强度比较高，凝结时间也较普通硅酸盐水泥浆缩短了1/2～1/3，但是其流动性受水灰比的影响最显著且价格高；普通硅酸盐水泥浆强度适中，材料来源丰富，具有较好的抗离析性，但凝结时间可调性差。

(6) 由CS浆液的试验结果可知，水灰比0.8∶1体积比1∶1的CS浆液的凝结时间在2 min左右，浆液的综合性能较好。鉴于现场砂砾层巷道围岩有结构较松散、整体强度低、自稳力不足、覆岩富水性强等特点，注浆浆液需满足凝结时间较短、具有较高的早期后期强度的要求，因而推荐选用体积比1∶1水灰比、0.8∶1的水泥水玻璃浆液进行现场注浆试验。

4 松软富水砂砾层巷道围岩失稳机理

巷道支护设计及施工的关键是研究巷道变形特征与失稳机理，它是有效控制巷道围岩稳定性的前提和根本保障。前面的章节已经对沙吉海矿区中生代砂砾层的物理力学性质及工程特征进行了较为全面的探讨和阐述，本章主要从砂砾层巷道围岩受力变形破坏规律方面进行研究来揭示砂砾层巷道的力学破坏机理，为寻求更加合理、有效的围岩控制技术方案及参数选择提供依据。考虑到现场大型试验和室内试验的成本较高，且试验过程存在一定的系统误差和人为误差，故采用理论分析结合数值计算的方法对砂砾层巷道的变形失稳过程及砂砾石的细观破坏特征进行分析。由现场砂砾层巷道围岩的揭露情况来看，上覆含水层的孔隙水、裂隙水经砂砾层孔隙通道直接渗入巷道，在水的作用下，围岩性质进一步恶化，巷道的稳定难以保证。在渗流-应力耦合作用条件下松软富水砂砾层巷道开挖过程中围岩位移场、应力场演化规律、变形及破坏过程等都值得深入探讨和分析。

4.1 不考虑渗流时砂砾层巷道变形破坏的数值分析

4.1.1 三维有限差分计算方法

4.1.1.1 FLAC 3D简介[109,148]

FLAC 3D已成为目前岩土力学计算中的重要数值方法之一。该程序是FLAC二维计算程序在三维空间的扩展，能够较好地模拟三维土体、岩体或其他材料体在达到强度极限或屈服极限时发生的破坏或塑性流动的力学行为。FLAC 3D采用差分原理，运用动态松弛方程，获得模型全部运动方程(包括内变量)的时间步长解，不必生成刚度矩阵及求解大型方程组，因而适合模拟岩土工程中的开挖、支护、渐进破坏和失稳、塑性流动以及大变形计算。它包含10种弹塑性材料本构模型，有静力、动力、蠕变、渗流、温度等五种计算模式，各种模式间可以互相耦合，可以模拟多种结构形式，可以模拟复杂的岩土工程或力学问题。

目前,FALC 3D广泛应用于边坡稳定性评价、支护设计及评价、地下洞室、拱坝稳定分析、隧道工程、矿山工程等多个领域。

4.1.1.2 三维有限差分计算方法[105,147]

FLAC 3D的求解方法是显式拉格朗日有限差分法,是基于显式差分法来求解偏微分方程,求解计算原理如图 4-1 所示。

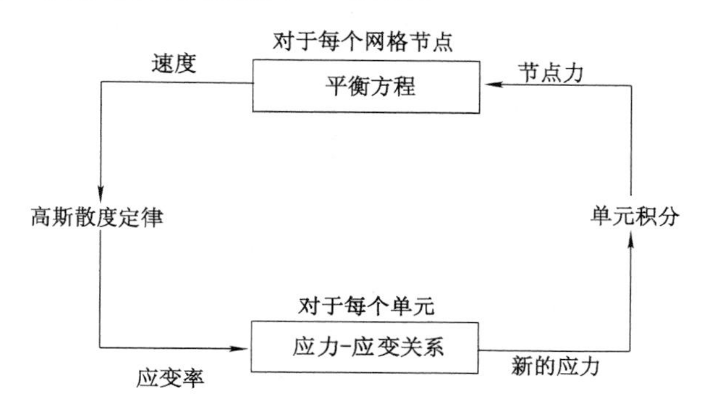

图 4-1 FLAC 3D计算原理

对于三维问题,先将具体的计算对象用六面体单元划分成有限差分网格,每个离散化后的立方体单元可进一步划分出若干个常应变三角棱锥体子单元(图 4-2)。应用高斯发散量定理于三角棱锥形体单元,可以推导出:

$$\int_V v_{i,j}\,\mathrm{d}V = \int_S v_i n_j\,\mathrm{d}S \tag{4-1}$$

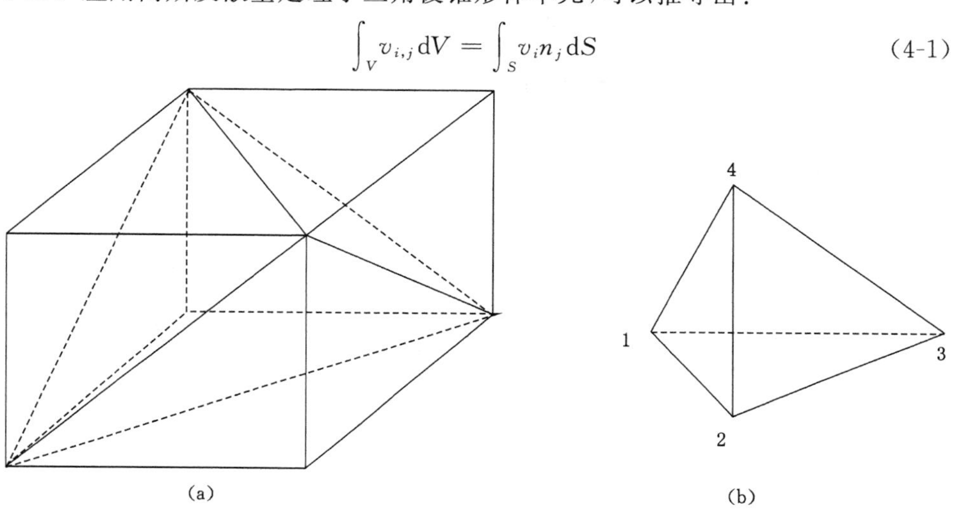

图 4-2 立方体单元剖分为 5 个常应变椎体单元

式中的积分分别是对棱锥体的体积和面积进行积分，n_j 是锥体表面的外法线矢量。对于恒应变速率棱锥体，速度场是线性的，并且 n_j 在同一表面上是常数。因此，通过对式(4-1)积分，得到：

$$V_{v(i,j)} = \sum_{f=1}^{4} \bar{v}_i^f n_j^f S^f \tag{4-2}$$

式中的上标 f 表示与表面 f 上的变量相对应，$\bar{v}_i$ 是速度分量 i 的平均值。对于线性度率变分，有：

$$\bar{v}_i^f = \frac{1}{3} \sum_{l=1,l\neq f}^{4} v_i^l \tag{4-3}$$

式中的上标 l 表示它是关于节点 l 的值。

将式(4-3)代入式(4-2)，得到节点对整个单元体的贡献：

$$V_{v(i,j)} = \frac{1}{3} \sum_{l=1}^{4} v_i^l \sum_{f=1,f\neq l}^{4} n_j^f S^f \tag{4-4}$$

如果将式(4-1)中的 v_i 用 1 替换，应用散度定律，我们可以得出：

$$\sum_{f=1}^{4} n_j^f S^f = 0 \tag{4-5}$$

利用上式，并用体积 V 除式(4-4)，得到：

$$v_{i,j} = -\frac{1}{3V} \sum_{l=1}^{4} v_i^l n_j^l S^l \tag{4-6}$$

$$\varepsilon_{ij} = -\frac{1}{6V} \sum_{l=1}^{4} (v_i^l n_j^l + v_j^l n_i^l) S^l \tag{4-7}$$

三维问题有限差分法基于物体运动与平衡的基本规律。最简单的例子是物体质量为 m、加速度为 $\mathrm{d}\bar{u}/\mathrm{d}t$ 与施加力 F 的关系，这种关系随时间而变化。牛顿定律描述的运动方程为：

$$m \frac{\mathrm{d}\bar{u}}{\mathrm{d}t} = F \tag{4-8}$$

当几个力同时作用于该物体时，如果加速度趋于零，即：$\sum F = 0$（对所有作用力求和），式(4-8)可表示该系统处于静力平衡状态。对于连续固体，式(4-8)写成如下广义形式：

$$\rho \frac{\partial u}{\partial t} = \frac{\partial \sigma_{ij}}{\partial x_j} + \rho g_i \tag{4-9}$$

式中 ρ——物体的质量密度；

t——时间；

x_j——坐标矢量分量；

g_i——重力加速度分量；

σ_{ij} ——应力张量分量。

该式中，下标 i 表示笛卡尔坐标系中的分量，根据力学本构定律，可以由应变速率张量获得新的应力张量：

$$\sigma_{ij} = H(\sigma_{ij}, \xi_{ij}, k) \tag{4-10}$$

式中　$H(\cdots)$ ——本构定律的函数形式；

k ——历史参数，取决于特殊本构关系。

通常，非线性本构定律以增量形式出现，因为在应力和应变之间没有单一的对应关系。当已知单元旧的应力张量和应变速率（应变增量）时，可以通过式(4-10)确定新的应力张量。例如，各向同性线弹性材料本构定律为：

$$\sigma_{ij} = \sigma_{ij} + \left\{\delta_{ij}(K - \frac{2}{3}G)e_{kk} + 2Ge_{ij}\right\}\Delta t \tag{4-11}$$

式中　δ_{ij} ——Kronecker（克罗内克）记号；

Δt——时间步；

G,K ——剪切模量和体积模量。

在一个时步内，单元的有限转动对单元应力张量有一定的影响。对于固定参照系，此转动使应力分量有如下变化：

$$\sigma_{ij} = \sigma_{ij} + (\omega_{ik}\sigma_{kj} - \sigma_{ik}\omega_{kj})\Delta t \tag{4-12}$$

$$\omega_{ij} = \frac{1}{2}\left\{\frac{\partial u_i}{\partial x_j} - \frac{\partial u_j}{\partial x_i}\right\} \tag{4-13}$$

在大变形计算过程中，先通过式(4-12)进行应力校正，然后利用式(4-8)[或本构定律式(4-10)]计算当前时步的应力。计算出单元应力后，可以确定作用到每个节点上的等价力。在每个节点处，对所有围绕该节点四边形棱锥体的节点力求和（$\sum F_i$），得到作用于该节点的纯粹节点力矢量。该矢量包括所有施加的载荷作用以及重力引起的体力 $\sum F_j^{(g)}$。

$$F_j^{(g)} = g_i m_g \tag{4-14}$$

式中，m_g 是聚在节点处的重力质量，定义为连接该节点的所有三角形棱锥体质量和的三分之一。如果某区域不存在（如空单元），则忽略对 $\sum F_i$ 的作用；如果物体处于平衡状态，或处于稳定的流动（如塑性流动）状态，在该节点处的 $\sum F_i$ 将视为零。否则，根据牛顿第二定律的有限差分形式，该节点将被加速：

$$u_i^{(t+\Delta t)} = u_i^{(t-\Delta t/2)} + \sum F_i^{(t)} \frac{\Delta t}{m} \tag{4-15}$$

式中，上标表示确定相应变量的时刻。对大变形问题，将式(4-15)再次积分，可确定出新的节点坐标：

$$x_i^{(t+\Delta t)} = x_i^{(t)} + u_i^{(t+\Delta t/2)} \Delta t \tag{4-16}$$

注意到式(4-15)和式(4-16)都是在时段中间，所以对中间差分公式的一阶误差项消失。速度产生的时刻，与节点位移和节点力在时间上错开半个时步。

4.1.2 模型的建立及计算参数的选取

(1) 三维计算模型的建立

采用三维有限差分非线性计算程序 FLAC 3D建立砂砾石层巷道的计算模型，该模型的原型为沙吉海煤矿＋550 m 水平井底车场砂砾层段。通过数值模拟计算的方法替代实际开挖过程，对整个开挖过程的巷道围岩应力场、位移场、破坏场的变化特征进行分析研究。数值计算模型见图 4-3，模型采用六面图单元进行网格划分，模型的计算范围长×宽×高＝20 m×30 m×30 m，一共划分 19 560 个单元，22 148 个节点。模型侧面限制水平移动，底部为固定边界，模型上表面为上覆岩体自重应力边界，施加的荷载为 6.2 MPa。

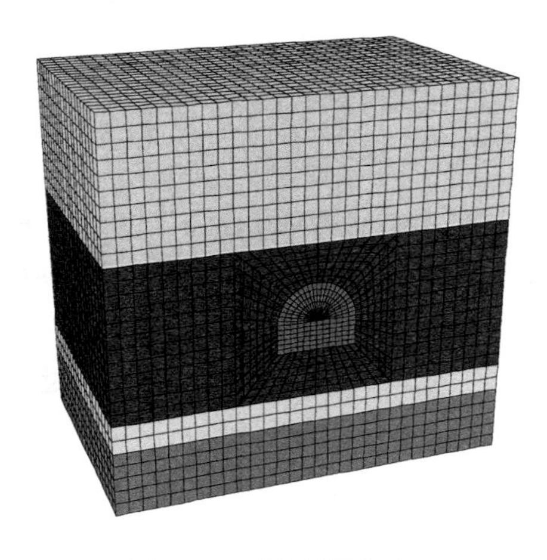

图 4-3　三维计算模型

(2) 计算参数的选取

考虑到岩石的尺度效应，计算所采用的围岩物理力学性质参数综合参考沙吉海井田综合地质勘探数据以及本课题所进行的室内物理力学试验结果确定，计算中采用 Mohr-Coulumb(莫尔-库仑)破坏准则判断围岩材料的破坏。计算中所采用的参数见表 4-1。

表 4-1　模型计算参数取值

序号	岩性	颜色标识	体积模量/GPa	剪切模量/GPa	抗拉强度/MPa	黏结力/MPa	内摩擦角/(°)
1	中砂岩		2.9	0.34	1.47	1.9	29
2	砂砾石		2.3	0.30	0.02	0.11	27
3	煤		3.2	1.22	2.0	2.2	30
4	泥岩		4.1	2.61	1.97	2.68	31

4.1.3　计算结果及分析

（1）巷道围岩应力、位移场分布特征

图 4-4、图 4-5 分别为巷道开挖后围岩最终的水平位移及竖向位移场，从图中可以看出，整个巷道开挖完成后，围岩的变形表现为向临空面收敛，变形主要集中在顶板，两侧墙次之，底板围岩变形相对较小。巷道拱顶的最大位移约为 53 mm，底板位移 17 mm，说明胶结性质差的砂砾层围岩顶沉较严重，在无支护措施的情况下，顶板易发生冒落、垮塌等突变型大变形破坏，因此，在设计及施工过程中应重视对顶板的支护。底板变形不明显，两直墙的水平位移分布较对称，最大位移值约为 38 mm。另外，从竖向位移场图可以看出，在巷道上方砂砾层及中砂岩的界面处，存在一定范围的竖向位移显著增大区域，可以推测该界面处发生了离层、滑动，由此也说明了巷道顶部围岩的不稳定性。图 4-6 反映了巷道整个开挖过程中顶底及两帮变形的变化过程，可以看出，顶部及两帮的位移量值变化在初期（前 5 000 步）变化较明显，之后变形减小趋于稳定，底板的位移量稳定时间要明显先于顶板及两帮，并且位移值不大，两帮的变形特征基本相同。

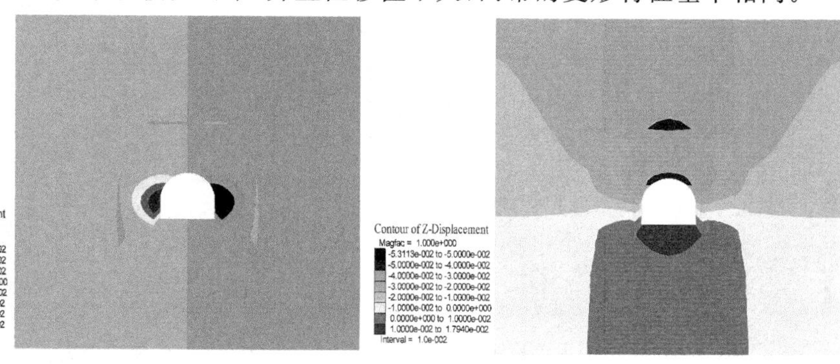

图 4-4　水平位移场分布图　　　图 4-5　竖向位移场分布图

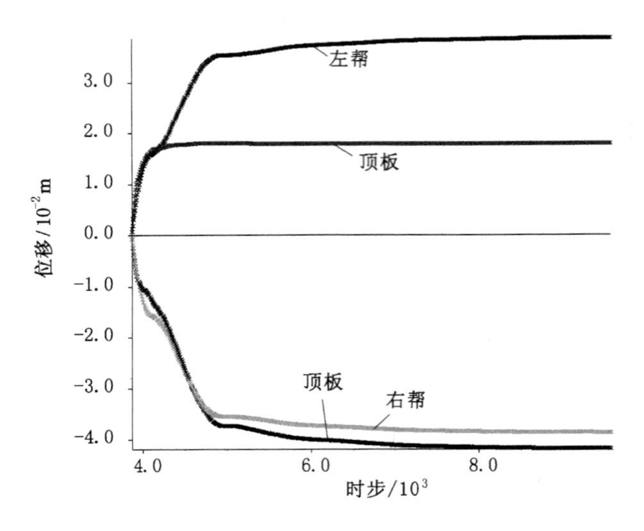

图 4-6 巷道围岩位移变化曲线

从图 4-7 和图 4-8 中可以看出，围岩的最大主应力及最小主应力集中程度较明显，其中最大主应力最大值为 6 MPa，并出现了正应力值，说明该区域围岩处于受拉状态。由于砂砾石的抗拉强度较低，当拉应力继续发展超过其抗拉强度时，围岩发生张拉破坏，可能使得顶板冒落、片帮、围岩更为破碎，从而严重影响巷道的整体稳定。围岩最小主应力分布较对称，应力值为 1～11 MPa，单元为受压状态。由于巷道开挖后应力重分布，浅部围岩出现了明显的应力松弛区域（范围 1～3 m），形成了一个应力降低区。

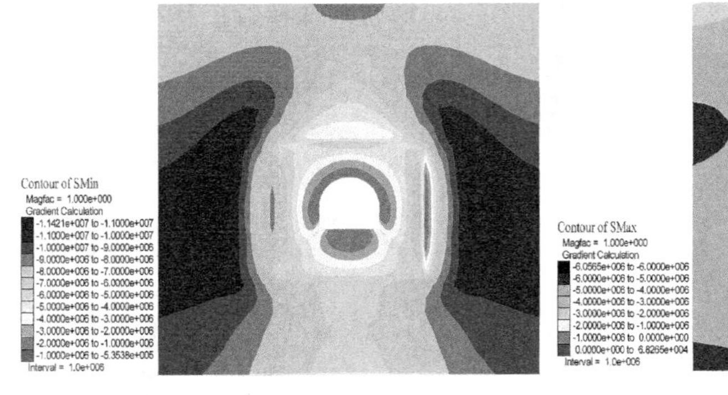

图 4-7 最小主应力分布图

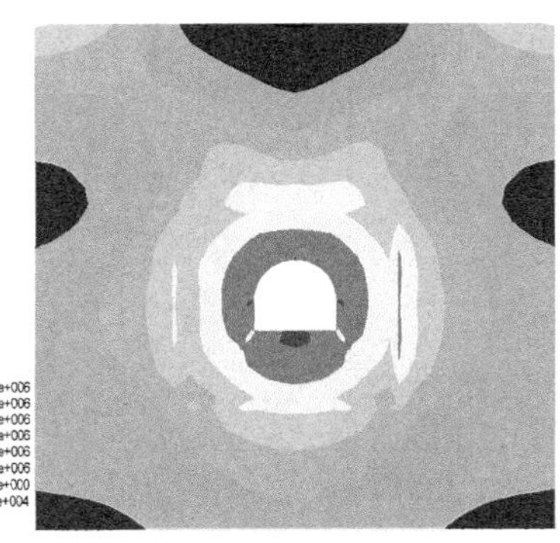

图 4-8 最大主应力分布图

(2) 巷道围岩位移场演化规律

从巷道围岩应力、位移场仅能直观地看出巷道围岩某一状态应力及位移的分布特征，但并不能清楚地反映围岩在空间某一方向上或时间上的围岩变形、应力变化特征，为此，选取巷道围岩一定范围内顶板、底板及帮部的单元应力与节点位移进行分析，各典型测线的布置见图 4-9。

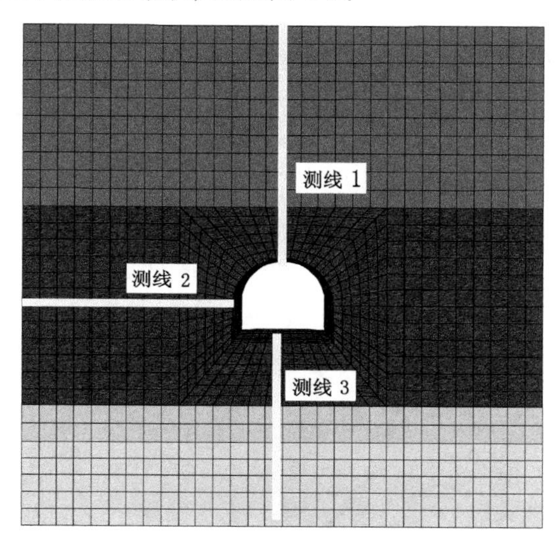

图 4-9　监测线布置示意图

从图 4-10～图 4-12 中可以看出，巷道顶底板及帮部的位移随着距围岩表面的距离增加而减小，在 0～3 m 范围内位移减小幅度较大，大于 3 m 深度范围的围岩位移变化较小，并最终趋近于零。由图可知，巷道顶板变形曲线在深度约 3 m 处(岩层界面)位置有一明显的下降，说明顶板岩层发生了离层现象，若变形进一步的发展很可能导致顶板的冒落，故在施工中必须对顶板加固。

由不同计算时步围岩变形场(图 4-13 和图 4-14)可以看出，巷道两帮收缩变形为 76 mm 左右，顶底板移近量约为 71 mm。在前开挖 1 000 步水平及竖向变形均较大，分别已完成总变形的 92%与 76%，说明较松散、强非均质性的砂砾层在巷道开挖后围岩变形较快，尤以顶板变形速率大，因此，在实际施工过程中应及时实施支护，控制初期过大的变形损伤，避免围岩强度大幅降低及破碎程度的增加。此外，巷道顶板变形量较大，变形快，故顶板围岩也是重点支护的部位。

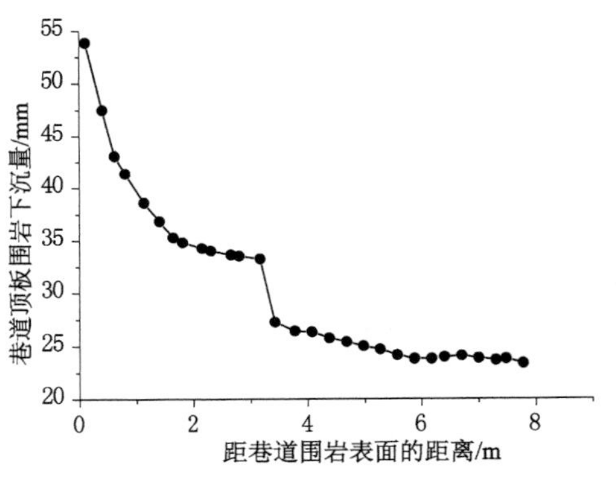

图 4-10　监测线 1 上围岩位移分布曲线

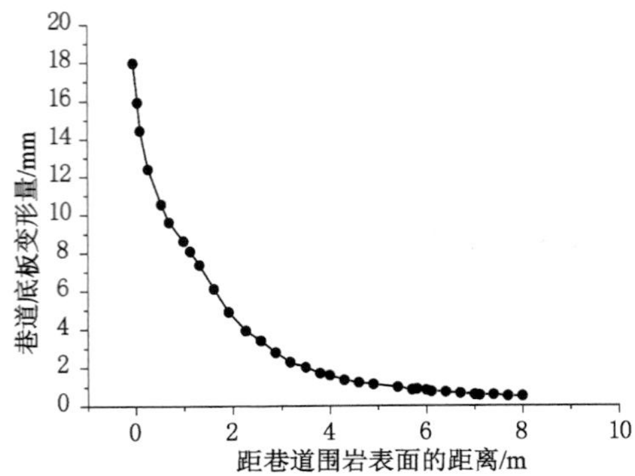

图 4-11　监测线 3 上围岩位移分布曲线

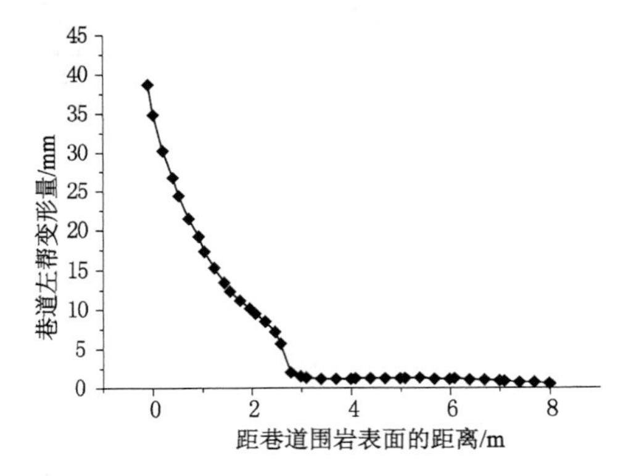

图 4-12　监测线 2 上围岩位移分布曲线

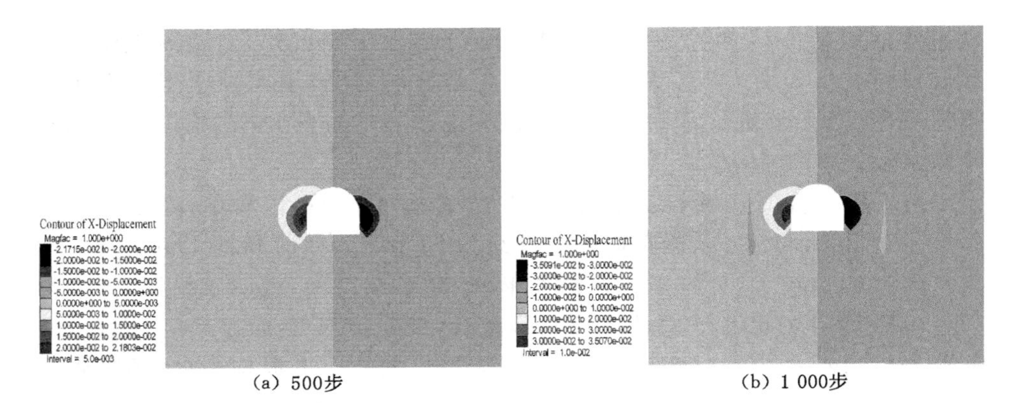

(a) 500步　　(b) 1 000步

图 4-13　不同时步水平位移场分布

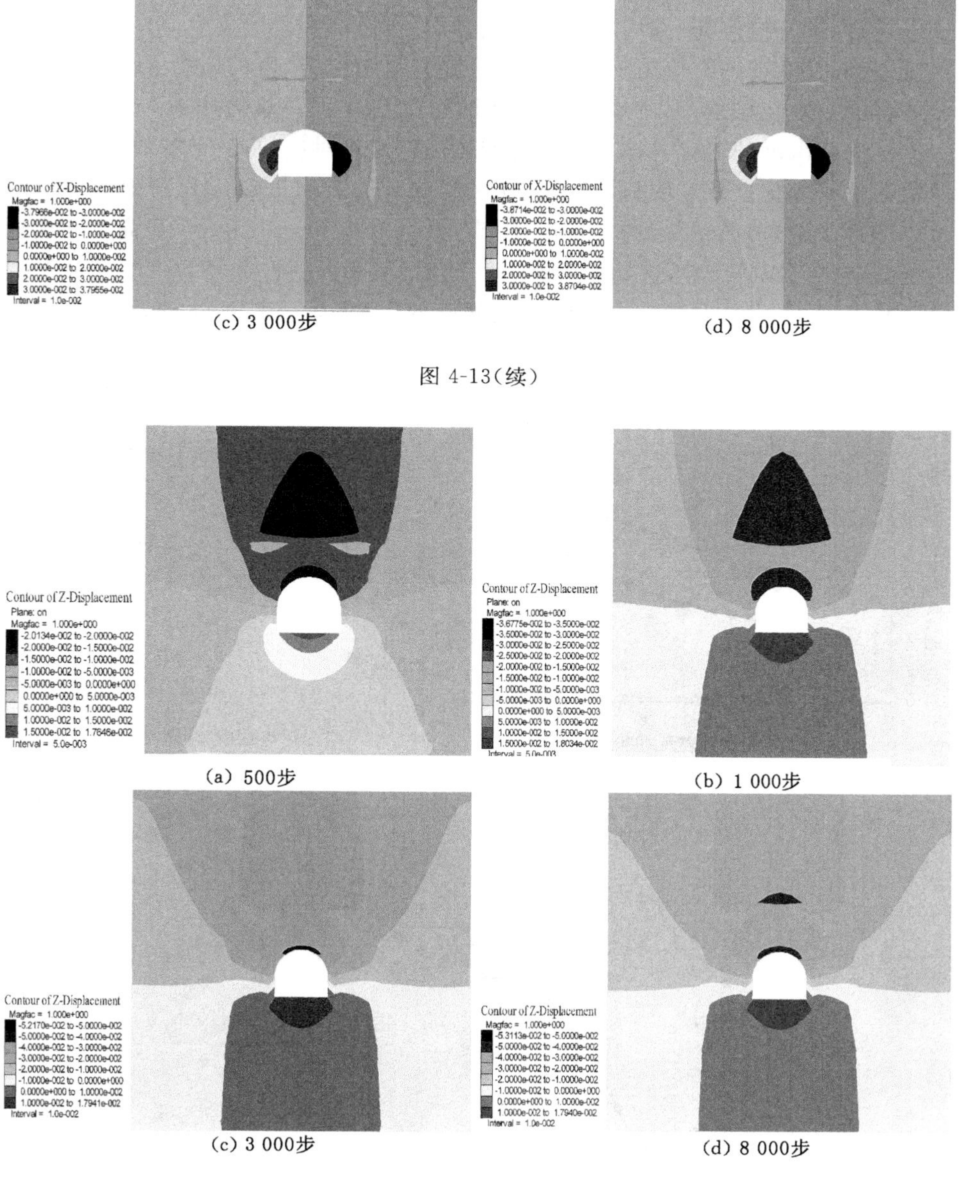

(c) 3 000步　　(d) 8 000步

图 4-13(续)

(a) 500步　　(b) 1 000步

(c) 3 000步　　(d) 8 000步

图 4-14　不同时步竖向位移场分布

(3) 巷道围岩应力场演化规律

图 4-15～图 4-17 中所示为巷道围岩水平应力(SXX)、竖向应力(SZZ)随距

围岩表面深度的变化曲线。可以看出，随着距洞壁深度的增加围岩的应力在逐步上升，由于开挖卸荷、围岩应力二次重分布，在浅部围岩形成应力降低区，巷道顶板、底板及两帮均有应力松弛的特征。围岩水平应力、竖向应力在距洞壁约 3 m 的范围内变化较剧烈，尤其以底板及两帮的变化大。总体来看，巷道围岩应力沿距洞壁深度的变化规律与位移的变化规律是相对应的，应力释放越强烈，相对应的位移变化也就越明显。同时，比较可知，巷道顶、底板围岩所受的竖向应力小于帮部围岩，而帮部的挤压应力较高，最大值为 11.5 MPa，明显高于顶底板的竖向应力(5.5 MPa)，这是由于巷道开挖后，顶底板围岩在竖向沿临空面产生运动和变形，单元的竖向应力得到较大程度的释放，而帮部的竖向变形很小，受挤压程度增加。

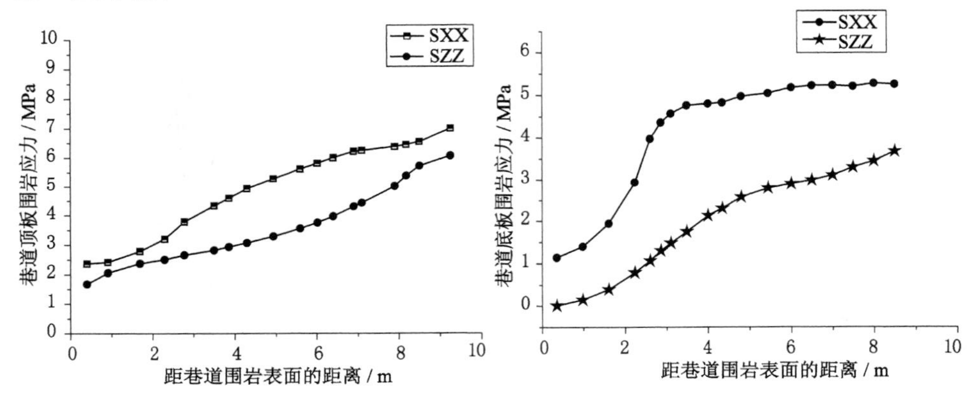

图 4-15 监测线 1 上围岩应力分布曲线　　图 4-16 监测线 3 上围岩应力分布曲线

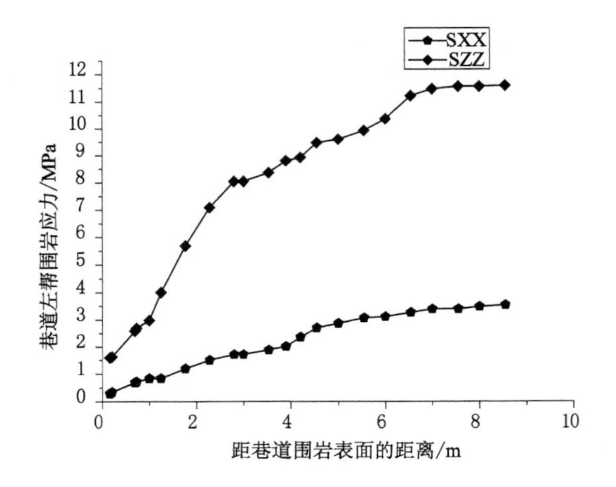

图 4-17 监测线 2 上围岩应力分布曲线

从巷道围岩水平应力及竖向应力不同计算时步的等值线图(图4-18、图4-19)可以看出,竖向应力及水平应力随着计算时步的增加而增大,最大水平应力为8.9 MPa,最大竖向应力为11.7 MPa,且在顶底板出现了正应力(受拉),最大值为0.22 MPa,因砂砾石层的抗拉性能很差,将极易导致顶底板的破坏。在前1 000步内围岩应力变化较剧烈,水平应力已增至8.4 MPa,竖向应力已增至11.2 MPa,分别为最大应力的94%与96%,这与前述水平及竖向位移的变化特征相似,说明围岩的位移、应力场变化主要集中在开挖前期。同时可以发现,随着时步的增加,巷道两帮、两底角的应力集中程度有所加大,顶板的应力集中面积也在增大,对于整体性差、结构松散的砂砾层巷道而言,最终可能由于帮角处的变形破坏、顶板的垮冒进而造成整个巷道的失稳破坏。

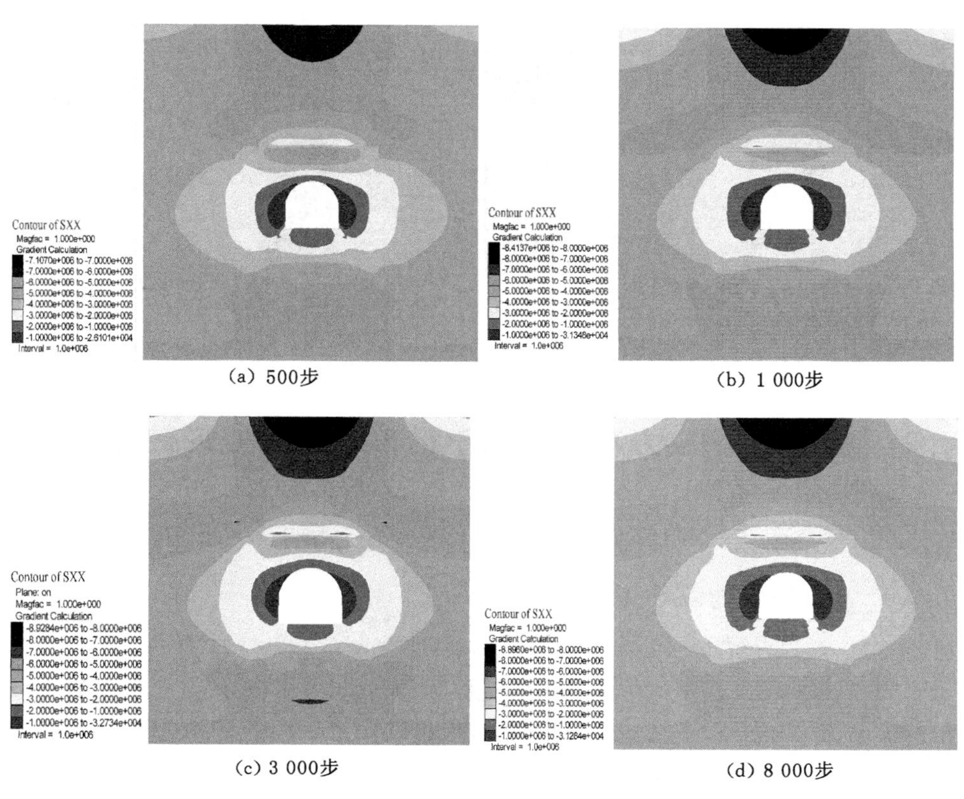

(a) 500步　(b) 1 000步

(c) 3 000步　(d) 8 000步

图4-18　不同时步水平应力场分布

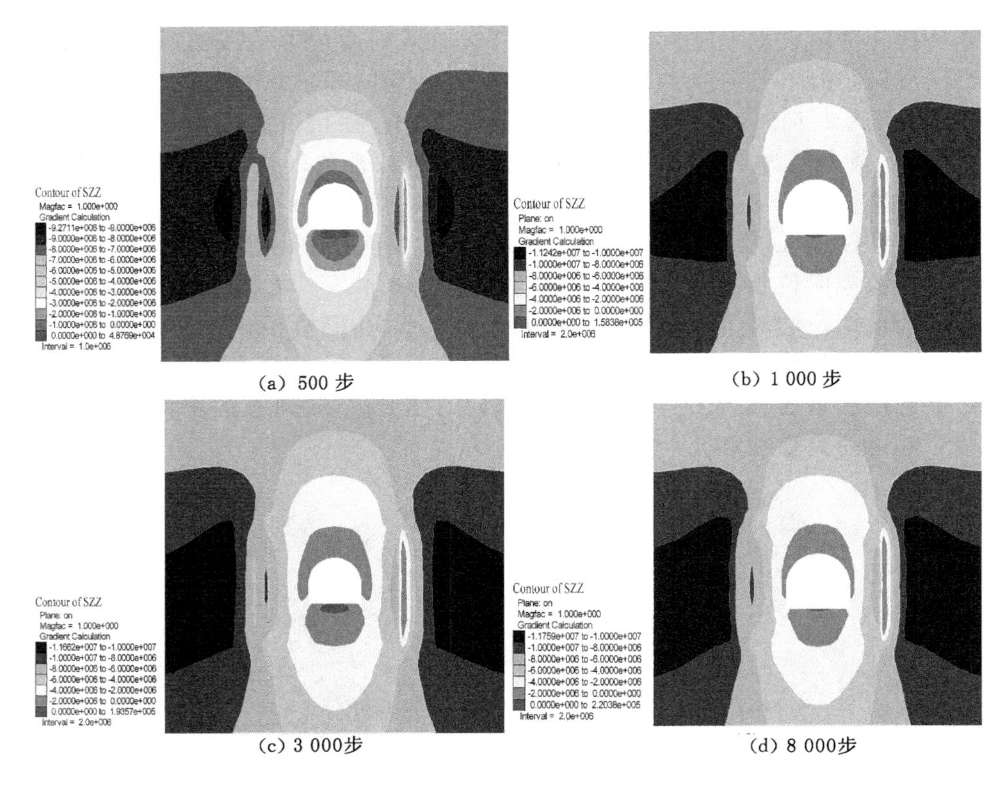

(a) 500 步　　(b) 1 000 步

(c) 3 000步　　(d) 8 000步

图 4-19　不同时步竖向应力场分布

4.2　考虑渗流-应力耦合作用下砂砾层巷道变形破坏的数值分析

4.2.1　渗流-应力耦合的有限差分方法

4.2.1.1　FLAC 3D渗流-应力耦合分析特点[102-104]

FLAC 3D可以模拟流体通过可渗透固体的流动，例如模拟地下水在岩土体中的流动流体建模即可以由其本身完成，也可以同力学建模并行完成，以便获得渗流-应力耦合作用的效果。固结就是一种渗流-应力耦合，在这一过程中，孔压的逐渐消散导致土体中发生沉降，这种性状的类型包括了两种力学效应。首先，孔隙水压的变化导致有效应力的变化，有效应力又影响固体的力学响应，如有效应力的减小可能产生塑性屈服。其次，区域内的流体也会通过改变孔隙压力来响应力学体积的变化。基本的流动分析处理完全饱和以及由地下水位变化的流动问题。在这种情况下,任何力学模型口可以同流体模型一起使用,在耦合问题中,饱和材料可以具有压缩性。

FLAC 3D渗流的计算针对不同材料的渗流特点,提供三种渗流模型:各向同性、各向异性及不透水模型;不同的单元可以赋给不同的渗流模型和渗流参数;流体和固体的耦合程度依赖于土体颗粒(骨架)的压缩程度,用 Biot 系数表示颗粒的可压缩程度等。

4.2.1.2 基于等效多孔连续介质的渗流-应力耦合分析基本方程[100-108,145-146]

在岩石力学中把包含在多孔介质的表征性体积单元内所有流体质点与固体颗粒的总和称为多孔介质质点。由连续分布的多孔介质质点组成的介质称为多孔连续介质。对含有孔隙水的松散沉积物,含有裂隙水的遍布于整个含水层细小的节理、裂隙及含有岩溶水的一些微小溶洞、溶孔等都看成多孔介质[27]。在很多数值分析计算中,将裂隙围岩的等效渗透系数简化为各向同性渗透系数,将围岩的裂隙发育程度简化为用围岩的孔隙率来表示。

FLAC 3D模拟岩土体的渗流-应力耦合效应时,采用等效连续介质模型将岩土体视为多孔介质,就是将孔隙、裂隙透水性平均到岩土体中去,流体在孔隙介质中的流动依据 Darcy(达西)定律,同时满足 Biot 方程。采用有限差分法进行耦合计算的几个方程如下。

(1) 平衡方程

对于小变形,流体质点平衡方程为:

$$-q_{i,j,k}+q_{\mathrm{v}}=\frac{\partial \zeta}{\partial t} \tag{4-17}$$

式中 q_i——渗体单位消散矢量,m/s;

q_{v}——被测体积的流体源强度,1/s;

ζ——单位体积孔隙介质的流体体积变化量。

对于饱水孔隙介质,有

$$\frac{\partial \zeta}{\partial t}=\frac{1}{M}\frac{\partial p}{\partial t}+\alpha\frac{\partial \varepsilon}{\partial t}-\beta\frac{\partial T}{\partial t} \tag{4-18}$$

式中 M——比奥模量,$\mathrm{N/m^2}$;

p——孔隙水压力,Pa;

α——比奥系数;

ε——体积应变;

T——温度,℃;

β——考虑流体和固体颗粒的热膨胀系数,1/℃。

液体质量平衡关系为：

$$\frac{\partial \zeta}{\partial t} = -\frac{\partial q_i}{\partial x_i} + \rho_w \tag{4-19}$$

式中 ζ——液体容量的变分(多孔深水材料的单位体积的液体体积的变分)；

ρ_w——液体的密度。

动量平衡方程的形式为

$$\sigma_{ij,j} + \rho g_i = \rho \frac{\mathrm{d}v_i}{\mathrm{d}t} \tag{4-20}$$

式中 ρ——体积密度，kg/m^3，且 $\rho = (1-n)\rho_s + n\rho_w$，其中，$\rho_s$ 和 ρ_w 分别为固体和液体的密度，n 为多孔介质的孔隙率，$(1-n)\rho_s$ 为基体的干密度 ρ_d(例如 $\rho = \rho_d + n\rho_w$)；

g_i——介质运动速度的 3 个分量，m/s，$i=1,2,3$。

(2) 运动方程

流体的运动用 Darcy 定律来描述。对于均质、各向同性固体和流体密度是常数的情况，这个方程具体表达形式如下：

$$q_i = -k[p - \rho_f x_i g_i] \tag{4-21}$$

式中 k——介质的渗透系数，m/s；

ρ_f——流体密度，kg/m^3；

x_i——3 个方向上的距离梯度；

g_i——重力加速度的 3 个分量，m/s^2。

(3) 本构方程

体积应变的改变引起流体孔隙压力的变化，反过来，孔隙压力的变化也会导致体积应变的发生。孔隙介质本构方程的增量形式为：

$$\Delta\sigma_{ij} + \alpha \Delta p \delta_{ij} = H_{ij}(\sigma_{ij}, \Delta\xi_{ij}) \tag{4-22}$$

式中 $\Delta\sigma_{ij}$——应力增量；

Δp——孔隙水压力增量；

δ_{ij}——Kronecher 因子；

H_{ij}——给定函数；

$\Delta\xi_{ij}$——总应变增量。

(4) 相容方程

应变率和速度梯度之间的关系为：

$$\varepsilon_{ij} = \frac{1}{2}\left[\frac{\partial u_i}{\partial x_j} + \frac{\partial u_j}{\partial x_i}\right] \tag{4-23}$$

式中 u——介质中某点的速度。

（5）液体响应方程

孔隙中液体的响应方程取决于饱和度 S。

当完全饱和时，$S=1$，响应方程为：

$$\frac{\partial P}{\partial t}=M\left(\frac{\partial \xi}{\partial t}-\alpha \frac{\partial \varepsilon}{\partial t}\right) \tag{4-24}$$

式中 M——Biot 模量；

α——Biot 系数；

ε——体积应变。

在 FLAC 中，晶粒的可压缩性相对于排水材料体积变化可以忽略不计，同时有：

$$M=\frac{K_w}{n},\quad \alpha=1 \tag{4-25}$$

式中 K_w——液体体积模量。

当 $S<1$ 时，孔隙液体的响应可以用式(4-26)、式(4-27)表示。

饱和度方程为：

$$\frac{\partial S}{\partial t}=\frac{1}{n}\left(\frac{\partial \xi}{\partial t}-\alpha \frac{\partial \varepsilon}{\partial t}\right) \tag{4-26}$$

饱和度和压力的关系为：

$$P=h(S) \tag{4-27}$$

对于多孔渗透性固体的小变形，响应方程为：

$$\frac{\mathrm{d}}{\mathrm{d}t}(\sigma_{ij}+\alpha P\delta_{ij})=H(\sigma_{ij},\varepsilon_{ij},K) \tag{4-28}$$

式中 H——本构关系的函数形式；

k——固体变形过程参数；

$\alpha=1$。

特别的，有效应力和应变的弹性关系的表达式为：

$$\sigma_{ij}-\sigma_{ij}^{0}+(P-P^{0})=2G\varepsilon_{ij}+\left(K-\frac{2}{3}G\right)\varepsilon_{kk}\delta_{ij} \tag{4-29}$$

（6）边界条件

岩土体渗流都是在特定的空间流场内发生的，沿这些流场边界起支配作用并唯一确定该渗流场的条件称为边界条件。从描述稳定渗流运动的数学模型来看，确定基本微分方程常见的边界条件有如下几类：

① 给定水头边界条件，即在边界上的渗流势函数或水头分布随时间的变化规律已知或与时间无关，其又称为第一类边界条件。

由以上可知，其边界条件可表达为：

$$\begin{cases} H(x,y,z)\big|_{r_1} = \varphi(x,y,z,t) \\ (x,y,z) \in S_1 \end{cases} \tag{4-30}$$

式中　$\varphi(x,y,z,t)$ ——已知的水头分布函数；

S_1 ——区域内水头已知的边界集合。

② 给定流量边界条件。它指在边界上位势函数或水头的法向导数已知或可以用确定的函数表示。流量边界条件又称为第二类边界条件，其表达式为：

$$\begin{cases} k\dfrac{\partial H}{\partial n}\bigg|_{r_2} = q(x,y,z) \\ (x,y,z) \in S_2 \end{cases} \tag{4-31}$$

式中　q ——渗流区域边界上单位面具流入(出)量；

S_2 ——区域内法向流速已知的边界集合；

n ——边界法向方向。

③ 自由面边界和溢出面边界条件：

自由面边界条件为：

$$\begin{cases} \dfrac{\partial H}{\partial n} = 0 \\ H(x,y,z)\big|_{r_3} = z(x,y) \\ (x,y,z) \in S_3 \end{cases} \tag{4-32}$$

溢出面边界条件为：

$$\begin{cases} \dfrac{\partial H}{\partial n} = 0 \\ H(x,y,z)\big|_{r_4} = z(x,y) \\ (x,y,z) \in S_4 \end{cases} \tag{4-33}$$

式中　$z(x,y)$ ——流场内位置点的高程；

S_3 、S_4 ——自由面和溢出面边界。

4.2.2　渗流-应力耦合模型的建立及参数选取

4.2.2.1　三维计算模型

为了与不考虑渗水条件下巷道的变形破坏特征进行对比分析，本次流固耦合数值计算仍然采用前一节中所建立的三维数值计算模型。由于模拟富水条件下巷道开挖、变形破坏过程，模型渗流参数的选取、渗流边界条件及初始渗流场的设置是计算中的关键环节，下面分别介绍模型材料参数的选取及边界条件的设定。

4.2.2.2　计算参数的选取

本次数值计算采用的围岩物理力学性质参数与前一节中的相同(见

表 4-1)，采用 Mohr-Coulumb 破坏准则判断围岩材料的破坏，其中，计算模型的流体力学参数中的渗透系数和孔隙率见表 4-2。

表 4-2 水力学计算参数取值

岩性	中砂岩	砂砾层	煤	泥岩
孔隙率	0.1	0.2	0.05	0.04
渗透系数/[$m^2/(Pa \cdot s)$]	1.6×10^{-10}	1.8×10^{-9}	2.4×10^{-12}	4.3×10^{-12}

4.2.2.3 边界条件

数值模拟过程的主要步骤为关闭 fluid 计算模式→初始应力平衡→开启 fluid 计算模式→巷道开挖。模型的力学边界条件与上一节中的相同。从矿井水文地质调查结果及现场主斜井、立风井的围岩揭露情况可知，砂砾层上覆 30～40 m的强富水砂岩，渗流对巷道的稳定性影响较大，因而模型顶部可认为是定水头透水边界，开挖阶段，巷道周边有水渗出，所以设置巷道表面为透水边界。视模型各岩层内部均饱和，孔隙水压力在 z 方向上以 10^4 Pa 等梯度减小。

4.2.3 数值计算结果分析

(1) 巷道围岩位移及应力场分布特征

图 4-20 为巷道开挖后最终的最小主应力分布图，巷道围岩的最小主应力范围为 2～14.7 MPa，为压应力，巷道两帮、底板及顶角存在一定范围的应力集中。图 4-21 为巷道开挖后最终的最大主应力分布图，围岩最大主应力的最大值为 6.59 MPa，周围 2 m 的范围应力集中较为明显，并在两顶角、帮部及底板出现了拉应力，最大值为 0.34 MPa，已大大超过砂砾围岩的抗拉强度，因而，这些部位将产生张拉破坏。由图 4-22 可知，巷道左顶角与右底角部位压剪应力集中较明显，右顶角与左底角部位拉剪应力较大，巷道支护设计与施工过程应重视顶底角的加固。

图 4-23 为巷道围岩的最大位移场分布图，该图显示巷道顶板岩层的位移量值较大，最大值为 105 mm，拱顶及两肩窝的变形也较明显，变形量达 79～80 mm，说明上覆含水层中水向下渗透对巷道的变形影响较大。由图 4-24、图 4-25 可见，巷道水平位移最大值为 95 mm，竖向位移最大值出现在顶板，下沉量为 106 mm，底板变形量较小，故顶板是渗水条件下砂砾层巷道支护的重点区域之一。

比较可知，渗水条件下的砂砾层巷道，无论是围岩的位移、应力、变形，还是围岩的松动程度均远高于无渗流作用状态。流固耦合作用下砂砾层巷道与不考虑渗水作用砂砾层巷道围岩最小主应力的集中应力比值为:14.7/11.4=1.29,最大主应力的集中应力比值为:6.5/6.05=1.07。在渗流-应力耦合作用下,巷道围岩最大水平位移增加了(95-38)/38=150%,最大竖向位移增加了(105-53)/53=98%。

Contour of SMin
Magfac = 1.000e+000
Gradient Calculation
-1.4781e+007 to -1.4000e+007
-1.4000e+007 to -1.2000e+007
-1.2000e+007 to -1.0000e+007
-1.0000e+007 to -8.0000e+006
-8.0000e+006 to -6.0000e+006
-6.0000e+006 to -4.0000e+006
-4.0000e+006 to -2.0000e+006
-2.0000e+006 to -1.2123e+005
Interval = 2.0e+006

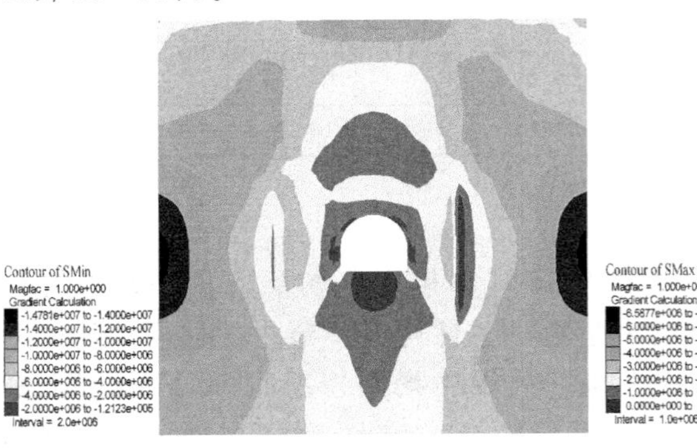

图 4-20　最小主应力场分布

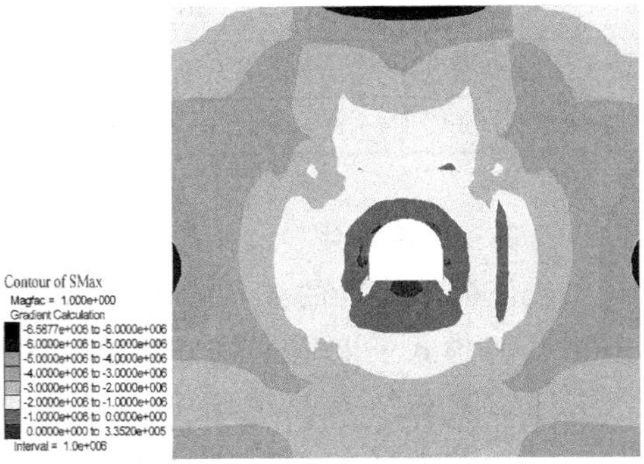

Contour of SMax
Magfac = 1.000e+000
Gradient Calculation
-6.5877e+006 to -6.0000e+006
-6.0000e+006 to -5.0000e+006
-5.0000e+006 to -4.0000e+006
-4.0000e+006 to -3.0000e+006
-3.0000e+006 to -2.0000e+006
-2.0000e+006 to -1.0000e+006
-1.0000e+006 to 0.0000e+000
0.0000e+000 to 3.3520e+005
Interval = 1.0e+006

图 4-21　最大主应力场分布

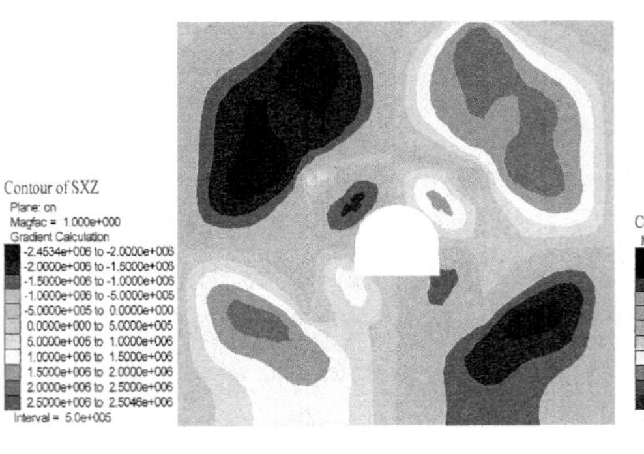

Contour of SXZ
Plane: on
Magfac = 1.000e+000
Gradient Calculation
-2.4534e+006 to -2.0000e+006
-2.0000e+006 to -1.5000e+006
-1.5000e+006 to -1.0000e+006
-1.0000e+006 to -5.0000e+005
-5.0000e+005 to 0.0000e+000
0.0000e+000 to 5.0000e+005
5.0000e+005 to 1.0000e+006
1.0000e+006 to 1.5000e+006
1.5000e+006 to 2.0000e+006
2.0000e+006 to 2.5000e+006
2.5000e+006 to 2.5046e+006
Interval = 5.0e+005

图 4-22　剪应力场分布

Contour of Displacement Mag.
Magfac = 1.000e+000
0.0000e+000 to 1.0000e-002
1.0000e-002 to 2.0000e-002
2.0000e-002 to 3.0000e-002
3.0000e-002 to 4.0000e-002
4.0000e-002 to 5.0000e-002
5.0000e-002 to 6.0000e-002
6.0000e-002 to 7.0000e-002
7.0000e-002 to 8.0000e-002
8.0000e-002 to 9.0000e-002
9.0000e-002 to 1.0000e-001
1.0000e-001 to 1.0519e-001
Interval = 1.0e-002

图 4-23　最大位移场分布

Contour of X-Displacement
Magfac = 1.000e+000
-8.5352e-002 to -8.0000e-002
-8.0000e-002 to -6.0000e-002
-6.0000e-002 to -4.0000e-002
-4.0000e-002 to -2.0000e-002
-2.0000e-002 to 0.0000e+000
0.0000e+000 to 2.0000e-002
2.0000e-002 to 4.0000e-002
4.0000e-002 to 6.0000e-002
6.0000e-002 to 8.0000e-002
8.0000e-002 to 9.5184e-002
Interval = 2.0e-002

图 4-24　水平位移场分布

Contour of Z-Displacement
Magfac = 1.000e+000
-1.0519e-001 to -1.0000e-001
-1.0000e-001 to -8.0000e-002
-8.0000e-002 to -6.0000e-002
-6.0000e-002 to -4.0000e-002
-4.0000e-002 to -2.0000e-002
-2.0000e-002 to 0.0000e+000
0.0000e+000 to 6.4522e-003
Interval = 2.0e-002

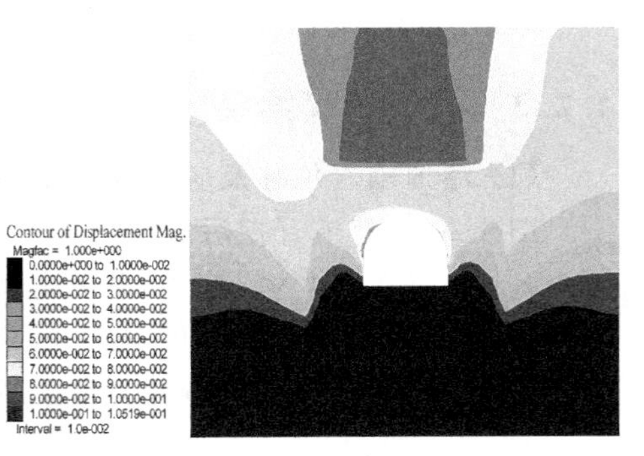

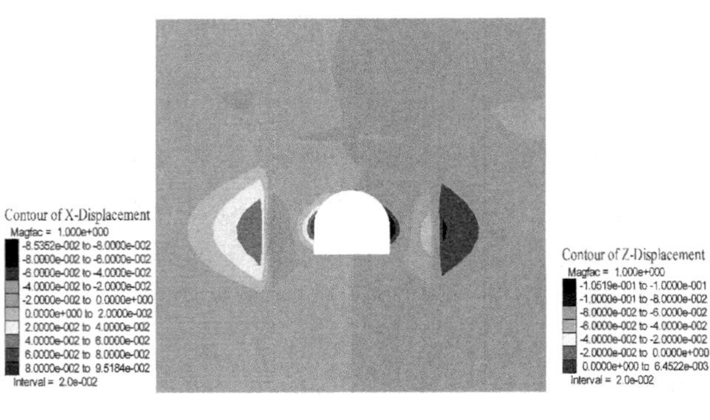

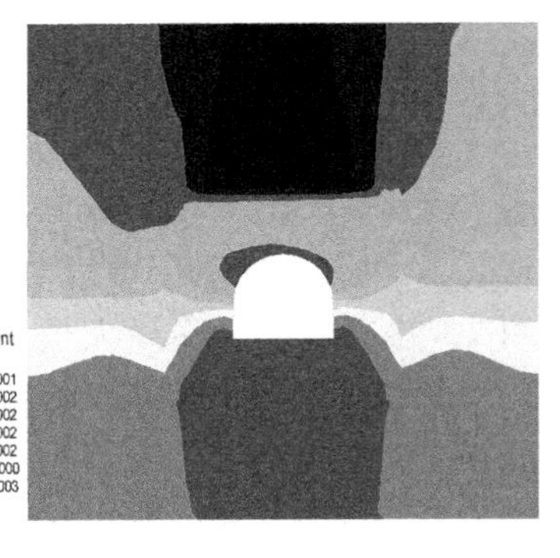

图 4-25　竖向位移场分布

(2) 巷道围岩渗流场变化特征

孔隙水压力的分布特征及分布规律分析是进行渗流-应力耦合作用下巷道开挖围岩稳定性研究的一项重要内容，图 4-26、4-27 为开挖前后巷道围岩孔隙水压力等值线分布图。由图 4-26 可见，砂砾层巷道开挖前围岩处于饱和状态，考虑到矿井现场水文地质条件，砂砾层上部为厚度 40～50 m 的强富水中砂岩含水层，则在模型顶部施加 0.3 MPa 的固定孔隙水压力，模拟恒定水头边界，模型底部的水压力为 0.6 MPa。由图 4-27 可知，巷道开挖后，由于围岩应力的重分布，应力场的变化引起渗流场的变化。另外，在巷道周围形成新的透水边界，地下水向开挖边界处渗出，巷道周围一定区域内形成孔隙水压力降低区，并以巷道为中心产生一个漏斗形状的渗流场分布。巷道周围约 3 m 区域内的孔隙水压力为 0～0.03 MPa，巷道顶部中砂岩与砂砾层的界面区域孔隙水压力为 0.05 MPa，地下水渗流的影响半径约为巷道跨度的 2 倍。由图 4-28 可以看出，巷道开挖后顶板及两帮的渗水现象较明显，这与现场巷道开挖工作面的涌水情况一致。

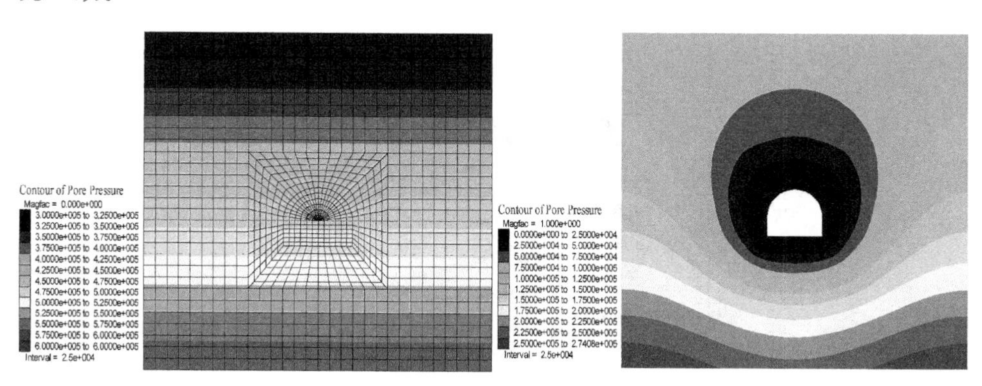

图 4-26 开挖前孔压分布　　图 4-27 开挖后孔压分布

在巷道顶底及帮部分别布置了孔隙水压力监测点 A、B、C、D，对应于 FLAC 3D软件中的记录点 hist7、hist8、hist9 和 hist10，各自的坐标分别为 $A(0,10,17.15)$，$B(0,10,9.95)$，$C(-3.95,10,13.2)$，$D(3.95,10,13.2)$。由图 4-29 可以看出，巷道左帮及右帮的孔压变化特征基本相同，在初始阶段孔压增加明显，最大孔压值为 0.08 MPa，随后帮部孔压逐步减小趋近于零。顶底板的孔压变化存在的特征是：顶板与底板的孔压变化规律相似，孔隙水压力在早期较短时间内为零，然后急剧增加至最大值，最后孔隙水压力逐步降低。出现这样的变化规律，主要是由于巷道开挖后应力场的重新分布引起局部围岩高度应力集中，从而孔隙水压力上升快，随着巷道掘进进尺的增加，围岩松动圈范围有一定的加大，

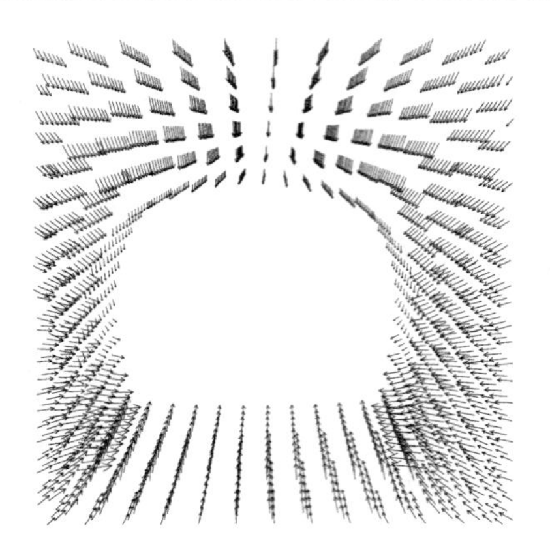

图 4-28　渗流矢量场

孔隙、裂隙等渗水通道随之扩展，导水能力增强，地下水向开挖临空面的渗流量加大，进而引起围岩孔隙水压力的持续减小。

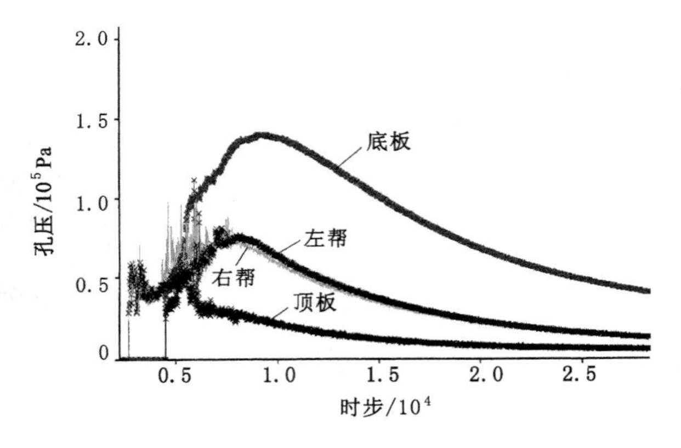

图 4-29　孔隙水压力变化曲线

为了掌握巷道开挖后及开挖过程中围岩在时空上的变化特征，选取巷道围岩一定范围内顶板、底板及帮部的单元应力、节点位移及节点孔压进行分析，模型中的监测线布置示意图见图 4-30。从图 4-31～图 4-33 中可以看出，巷道顶底及帮部围岩的渗流场在开挖后发生了变化，随着距围岩表面的距离增加，孔隙水压力明显不断升高，巷道壁的孔压为零，顶板的最大孔压为 0.09 MPa，底板的最大孔压为0.3 MPa，左帮的最大孔压为 0.15 MPa。巷道围岩的孔隙水压力在距表面约 4 m 的范围内变化较剧烈，大于 4 m 范围的围岩孔压增加的速率有所降低，这很大程度上是由于周边围岩应力集中所致。

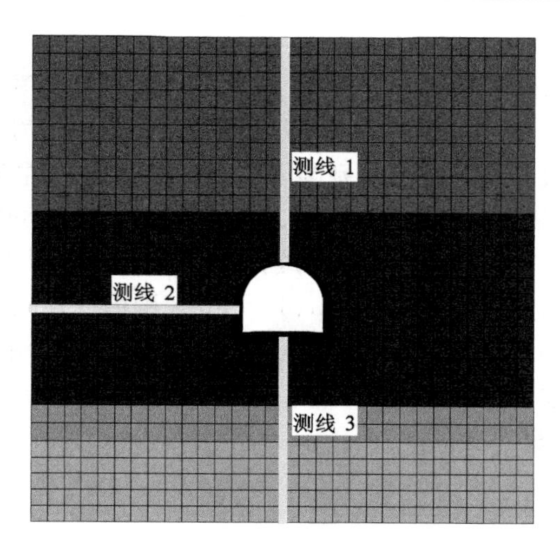

图 4-30　监测线布置示意图

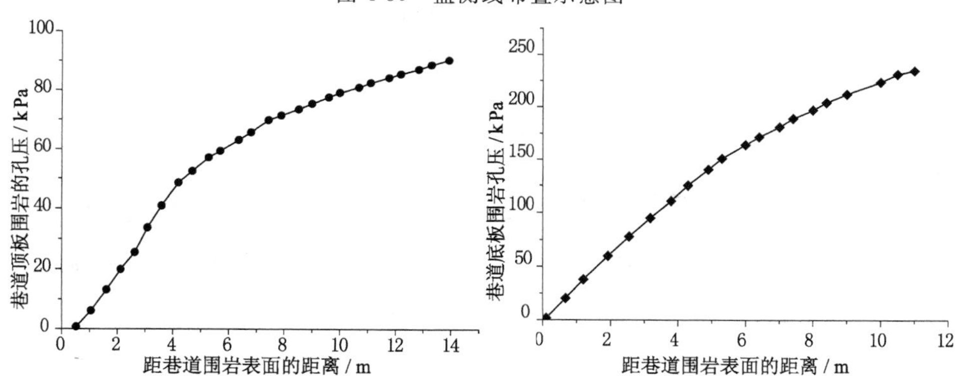

图 4-31　监测线 1 上围岩孔压分布曲线　　　图 4-32　监测线 3 上围岩孔压分布曲线

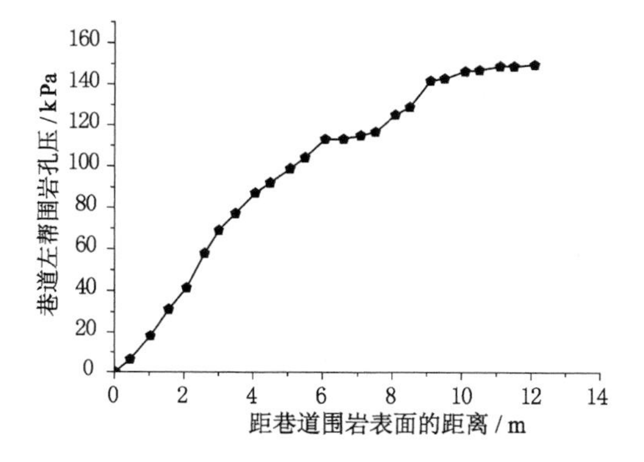

图 4-33　监测线 2 上围岩孔压分布曲线

(3) 巷道围岩位移场演化规律

从图 4-34～图 4-36 中可以看出,考虑渗水条件时巷道顶底及帮部围岩的变形量都明显增大,但是围岩位移的变化规律没变,随着距围岩表面的距离增加而减小。顶、底板的最大位移量值分别为 106 mm、8.5 mm,左帮的最大变形量为 78 mm。顶板及左帮在距巷道表面 0～2 m 范围内变形减小幅度较大,大于 2 m 深度范围的围岩位移变化较小,并最终趋近于零;底板围岩位移在 0～1 m、2～3 m范围内变化较显著,在 1～2 m、3～8 m 范围内变化较小。在水作用下巷道顶板、帮部围岩的变形较严重,尤其是砂砾层围岩成岩作用差、结构松散,难以形成自然平衡拱,顶板易产生滑动、冒落,进而致使巷道失稳,因此,在支护设计、施工时应加强对顶板的支护。

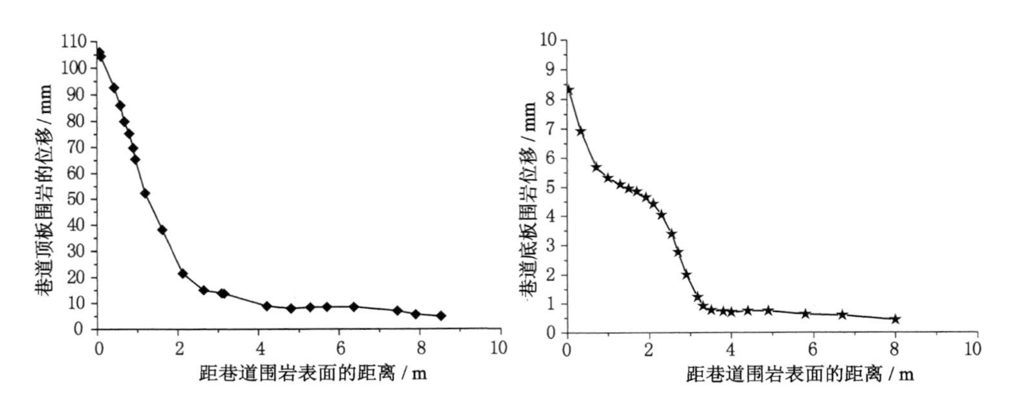

图 4-34 监测线 1 上围岩位移分布曲线　　图 4-35 监测线 3 上围岩位移分布曲线

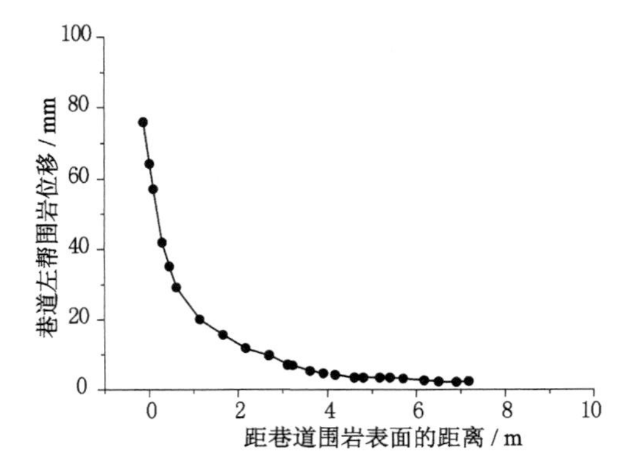

图 4-36 监测线 2 上围岩位移分布曲线

从图 4-37 和图 4-38 可以看出，随着计算时步的增加，巷道围岩水平位移及竖向位移在逐渐增大，巷道最终两帮收缩变形为 170 mm 左右，顶底板移近量约为 121 mm，左帮的变形量稍大于右帮，顶底板及两帮的位移量值较不考虑渗流作用时均明显增大。此外，顶板的变形最为显著，由于上覆强富水中砂岩含水层向巷道临空面的渗水作用，加剧了顶板下沉量，在距顶板围岩表面 2 m 以上的范围形成一个下沉锥形区域，两顶角部位也存在 100 mm 的变形。因中生代砂砾层自身结构性差、透水性较强的特点，巷道在开挖过程中极易产生随掘随冒的现象，故施工时应采取一些超前支护的措施，以保证巷道掘进的安全。

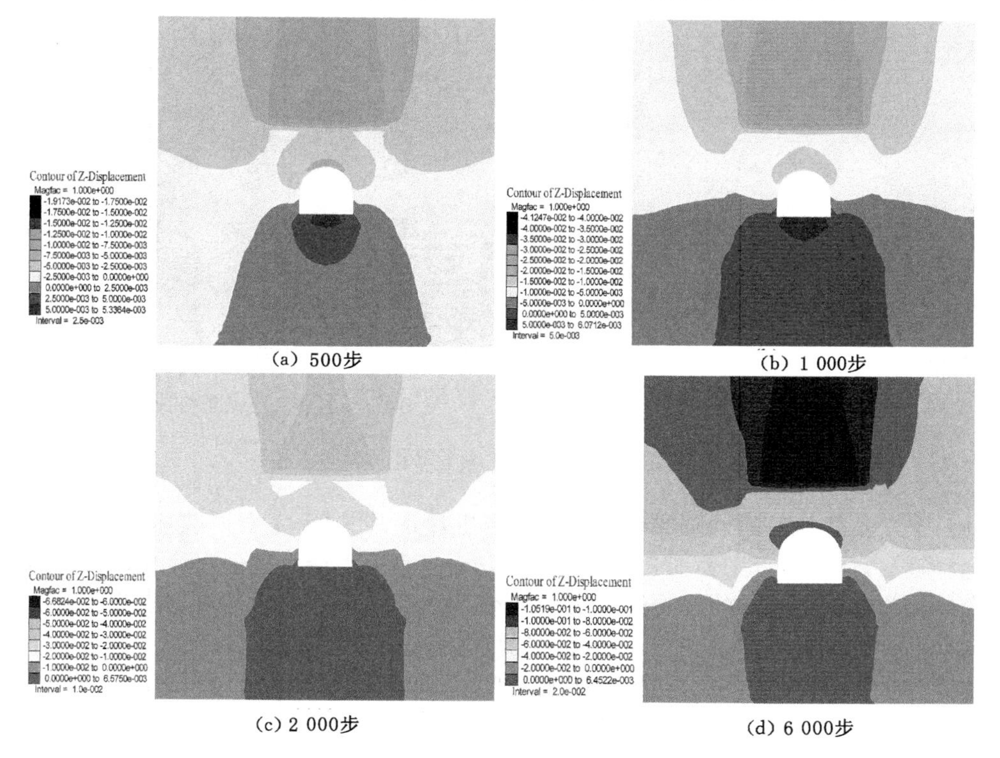

(a) 500步　(b) 1 000步

(c) 2 000步　(d) 6 000步

图 4-37　不同时步竖向位移场分布

(4) 巷道围岩应力场演化规律

图 4-39～图 4-41 中所示为巷道围岩水平、竖向应力随距围岩表面深度的变化特征曲线，可以看出，总体来说，围岩应力随着距巷道表面距离的加大而增大，在距巷道围岩表面约 2 m 范围内，顶板、帮部的应力变化较剧烈，这与位移的变化特征是相对应的。因应力二次分布，开挖卸荷，变形释放，应力减小幅度大，该部位形成明显的应力降低区，表现为围岩破碎、松动、掉块，若不及时采取支护措

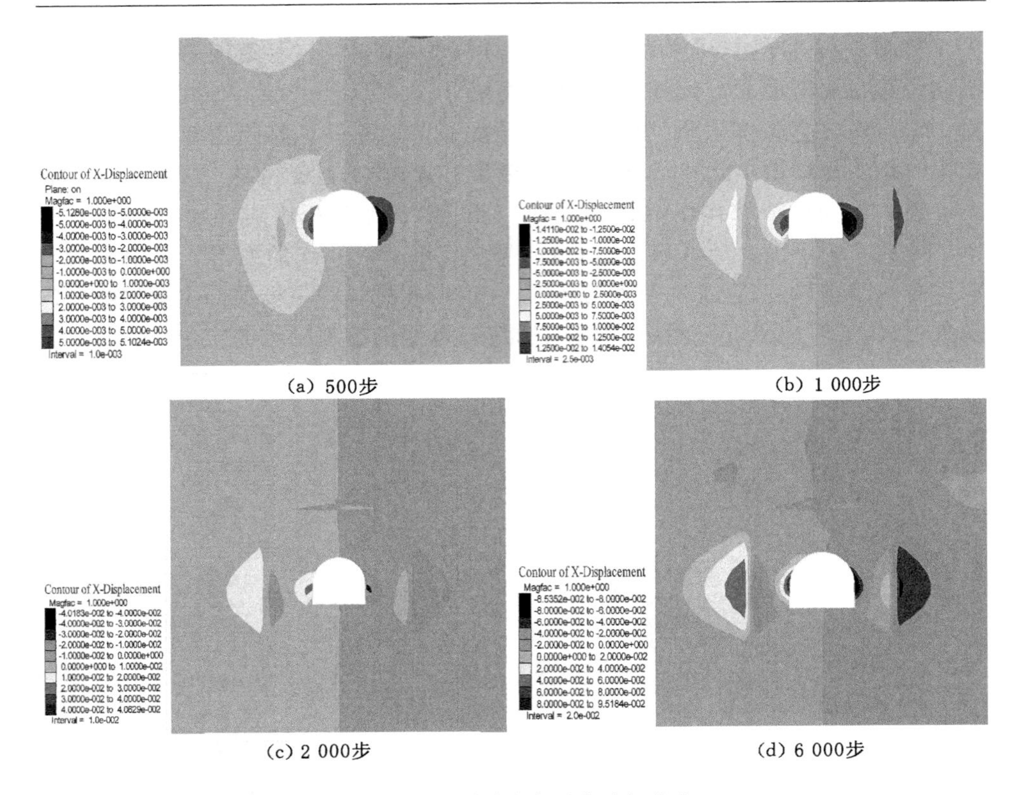

(a) 500步　(b) 1 000步

(c) 2 000步　(d) 6 000步

图 4-38　不同时步水平位移场分布

施，本来整体性差的砂砾层巷道将极易产生片帮、冒顶等大变形破坏。顶、底板竖向应力最大值分别为 3.7 MPa、2.5 MPa，水平应力最大值分别为 5 MPa、3.7 MPa，帮部竖向应力的最大值为 9.5 MPa，由此可见，在巷道开挖后顶、底板围岩在垂向的变形引起竖向应力较大程度的释放，应力减小明显，因而，在围岩导水条件下，松动破裂范围扩展程度增加较明显。

从图 4-42 和图 4-43 可以看出，巷道围岩最小主应力及最大主应力随计算时步的增加而增大，最大主应力的最大值为 6.58 MPa，最小主应力的最大值为 14.7 MPa。顶、底板及两顶角出现了正应力(受拉)，最大值为 0.34 MPa，比不考虑渗水条件时的拉应力值要高出 0.12 MPa，此时更容易引起抗拉强度低、结构松散的砂砾层顶底板的破坏，影响巷道的稳定性。同时还可以看出，随着时步的增加，巷道顶板、两帮的应力集中程度在上升，应力集中覆盖的面积也有所增加，影响范围为围岩表面至 2 m 的深度，在考虑加固深度时可以参考此数值。由于富水条件下巷道顶板、两帮的应力集中显著，变形较大，支护时必须采取“控顶强帮，以帮控顶”的

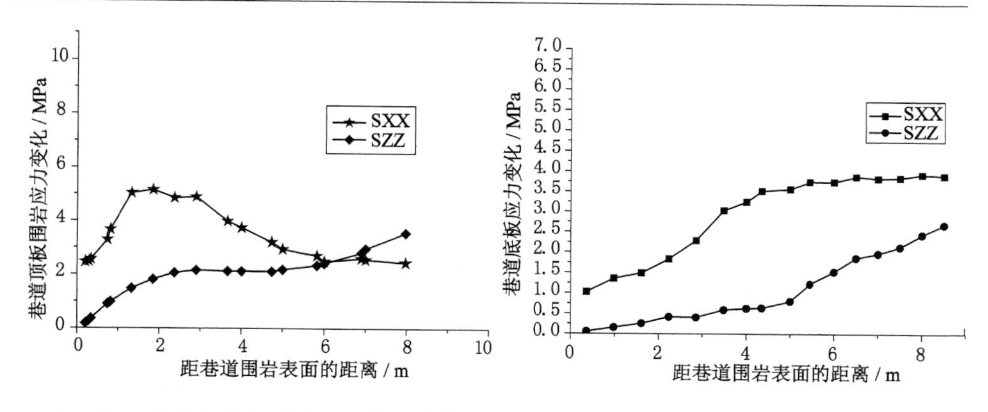

图 4-39　监测线 1 上围岩应力分布曲线　　图 4-10　监测线 3 上围岩应力分布曲线

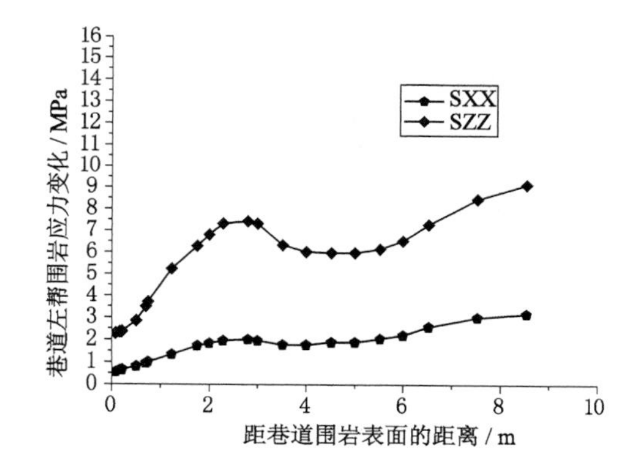

图 4-41　监测线 2 上围岩应力分布曲线

原则，将顶部与帮部的控制联系起来，以达到使围岩稳定的目的。

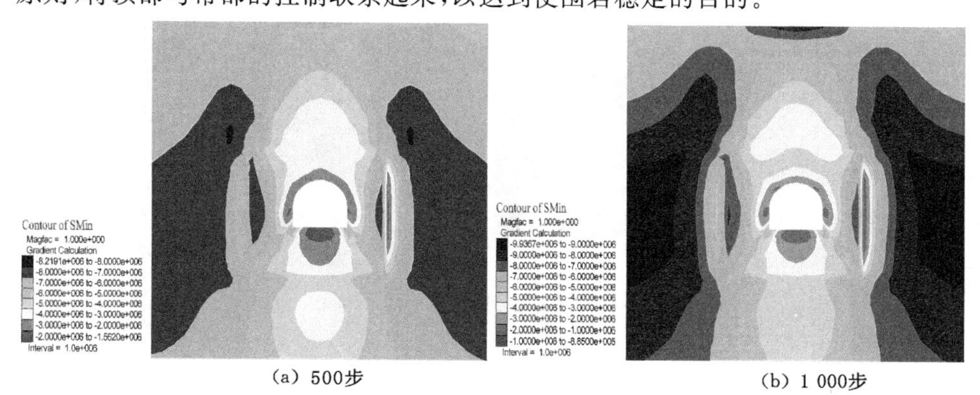

(a) 500步　　(b) 1 000步

图 4-42　不同时步最小主应力分布

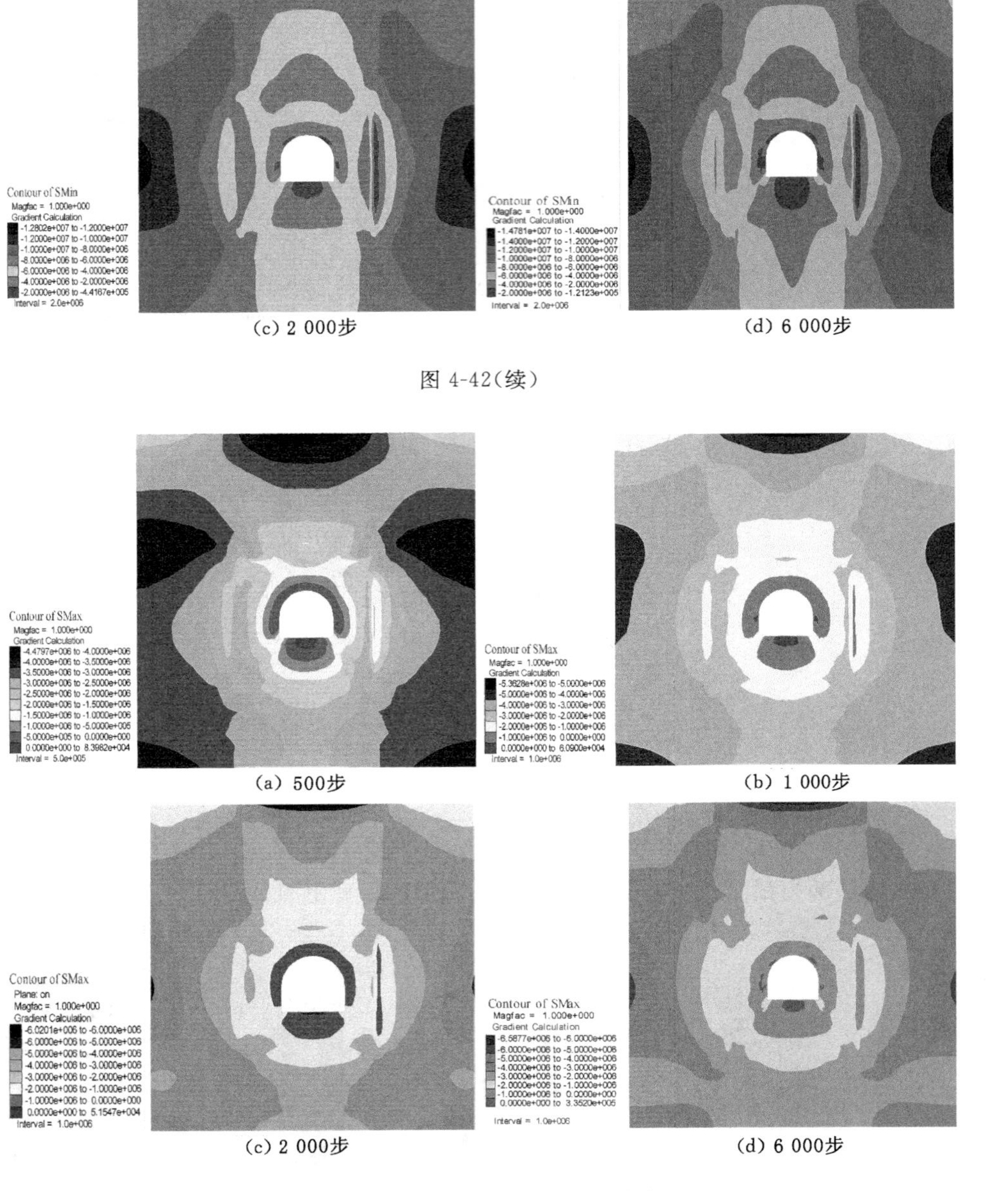

(c) 2 000步　　(d) 6 000步

图 4-42(续)

(a) 500步　　(b) 1 000步

(c) 2 000步　　(d) 6 000步

图 4-43　不同时步最大主应力分布

4.3 中生代松软富水砂砾层巷道变形破坏的主导因素

通过对新疆沙吉海矿区典型的中生代砂砾层巷道围岩的地质条件、粒度分布特征、强度特征、胶结物的微观结构及矿物成分、水作用下围岩的变形破坏机理等综合分析,结合现场调研结果,得出影响沙吉海矿区中生代砂砾层巷道稳定性的主要因素有以下几个方面。

4.3.1 地下水对围岩弱化、冲蚀等不利影响

(1) 上覆含水层中地下水向巷道内的渗流作用:依据现场巷道施工围岩揭露的实际情况及水文地质调查结果,砂砾层之上覆盖厚度 40～50 m 的强富水性中砂岩含水层。因砂砾层的透水性较强,巷道开挖后渗流作用明显,围岩产生渗透变形。

(2) 地下水对围岩强度的弱化作用:地下水对围岩的物理化学作用使得巷道围岩质量及工程性质都有所改变,尤其是引起围岩强度下降。比如围岩孔隙水压力增大,减小了结构面上的有效正应力,从而降低了围岩的抗剪强度。同时,从前述对渗流-应力耦合作用下砂砾层巷道的变形破坏数值结果可知,在水的作用下,围岩的变形显著增大,且加剧了围岩松动圈的扩展,从而降低了围岩的整体性及自承能力。随着水岩相互作用的增强,围岩变形进一步加大,时有突变现象,表现为巷道顶板的离层量增大、突然滑动、冒落等。由此可见,渗水条件下砂砾层巷道围岩的强度弱化作用明显,承载力低,自稳能力差,表现为巷道开挖初期变形速度快、变形量大的特点。

(3) 支护结构的荷载增大:对于富水条件的巷道围岩,作用在巷道支护结构上的荷载不仅有围岩自身的作用力,而且地下水产生的水力作用也不可忽视,它使得围岩支护结构上的荷载增大。

(4) 地下水的长期作用加速了巷道围岩的冲蚀破坏。

4.3.2 围岩结构性差

沙吉海矿区砂砾层巷道围岩中砾石分布极为不均,粒径范围广,胶结性差,结构松散,成岩作用低,自承能力不足,巷道开挖后常有顶板漏冒及片帮的大变形破坏现象产生。

4.3.3 钢架支护强度、刚度不足

＋550 m 水平井底车场砂砾层段原巷道支护采用 U25 型钢支架,架间采用

普通 ϕ22 mm 的螺纹钢连接，由于巷道顶部围岩松散，加上渗水作用，顶板离层明显，因而，来自顶部的压力较大，导致 U25 钢架的棚梁严重变形，棚腿扭曲，故原设计中钢架支护强度偏低，架间连接刚度不足，支护结构整体性差，在新设计中需加强。

4.3.4 砂砾层充填物中黏土矿物含量较高

第 2 章中对砂砾层胶结物矿物成分的测试结果显示，胶结物的主要矿物成分为石英、钾长石、钠长石，其中黏土矿物总量较高，最高可达 45.3%，而黏土矿物中又含有一定的蒙脱石及伊/蒙混层，伊/蒙混层的相对含量为 21%，混层比为 25%。由于蒙脱石与伊/蒙混层矿物具有强膨胀性，易风化、软化，抵抗化学环境侵蚀的能力较差，若巷道开挖后围岩长时间暴露于空气中，则围岩变得更为散碎，大大降低了围岩整体性，对巷道的稳定性极为不利。

4.3.5 无超前支护措施

大量的工程实践表明，大多数新掘进头的漏顶或冒顶事故都是在空顶作业的情况下发生的。尤其是在砂砾层具有松散介质特点并富水情况下，一旦巷道掘进工作面的超前支护不及时，裸露的砂砾石顶板很容易成块掉落或大面积垮落，因此，在施工中必须及时采取超前支护措施。

4.3.6 支护结构不合理

巷道围岩的控制效果以及围岩的稳定程度与巷道的支护形式的合理选择有着紧密的联系，当巷道的支护结构性能与巷道围岩的破坏特征不能适应时，通常会造成巷道支护的严重损坏，围岩变形得不到有效控制以及围岩的稳定性下降，因而整体支护效果差。沙吉海矿＋550 m 水平井底车场砂砾层段原巷道支护设计采用 U 型钢架的支护形式，但应用结果表明，该支护形式不能保证巷道围岩稳定。这主要是因为巷道支护形式单一，仅仅采用一次支护不能适应围岩稳定的需求。

综合以上分析可知，上述因素的综合作用导致了沙吉海矿区中生代砂砾层巷道的变形失稳。

4.4 小结

通过理论分析结合数值计算的方法对渗流-应力耦合作用下中生代松软富水砂砾层巷道围岩的变形失稳过程、围岩位移场及应力场演化规律进行了探讨和分析，并提出了富水条件砂砾层巷道变形破坏的主导因素，主要成果和结论如下。

4.4.1 不考虑地下水渗流时数值计算

（1）整个巷道开挖完成后，围岩变形主要集中在顶板，两侧墙次之，底板围岩变形相对较小。胶结性质差的砂砾层围岩顶沉较严重，在无支护措施的情况下，顶板易发生冒落、垮塌等突变型大变形破坏，因此，在设计及施工过程中应重视对顶板的支护。

（2）巷道顶底板及帮部的位移随着距围岩表面的距离增加而减小，在0～3 m范围内位移减小幅度较大，大于3 m深度范围的围岩位移变化较小，并最终趋近于零。

（3）随着距洞壁深度的增加围岩的应力在逐步上升，由于开挖卸荷、围岩应力二次重分布，在浅部围岩形成应力降低区，巷道顶板、底板及两帮均有应力松弛的特征。围岩水平应力、竖向应力在距洞壁约3 m的范围内变化较剧烈，尤其以底板及两帮的变化大。总体来看，巷道围岩应力沿距洞壁深度的变化规律与位移的变化规律是相对应的，应力释放越强烈，相对应的位移变化也就越明显。

（4）巷道围岩的位移、应力场变化主要集中在开挖前期。同时可以发现，随着时步的增加，巷道两帮、两底角的应力集中程度有所加大，顶板的应力集中面积也在增大，对于整体性差、结构松散的砂砾层巷道而言，最终可能由于帮角处的变形破坏、顶板的垮冒进而造成整个巷道的失稳破坏。

4.4.2 考虑渗流-应力耦合作用下数值计算

（1）周围2 m的范围应力集中较为明显，应力变化较剧烈，并在两顶角、帮部及底板出现了较大拉应力，此时更容易引起抗拉强度低、结构松散的砂砾层顶底板的破坏，影响巷道的稳定性。巷道开挖后顶、底板围岩在垂向的变形引起竖向应力较大程度的释放，应力减小明显，加上围岩导水条件下，松动破裂范围扩展程度增加较明显。

（2）考虑渗水条件时巷道顶底及帮部围岩的变形量都明显增大，但是围岩位移的变化规律没变，随着距围岩表面的距离增加而减小。顶板的变形最为显著，由于上覆中砂岩含水层向巷道临空面的渗水作用，而加剧了顶板下沉量，在距顶板围岩表面约2 m以上的范围形成一个下沉锥形区域，因此，自身结构性差、透水性较强的砂砾层巷道在开挖过程中极易产生随掘随冒的现象，故施工时应采取一些超前支护的措施，以保证巷道掘进的安全。

(3) 开挖后顶板及两帮的渗水现象较明显,围岩应力场的变化引起渗流场的变化,在巷道周围一定区域内形成孔隙水压力降低区,产生一个漏斗状的渗流场。顶板与底板的孔压变化规律相似,孔隙水压力在早期较短时间内为零,然后急剧增加至最大值,最后孔隙水压力逐步降低。巷道围岩的孔隙水压力在距表面约 4 m 的范围内变化较剧烈,大于 4m 范围的围岩孔压增加的速率有所降低,这很大程度上是由于周边围岩应力集中所致。

(4) 渗水条件下的砂砾层巷道,无论是围岩的位移、应力、变形,还是围岩的松动程度均远高于无渗流作用状态。流固耦合作用下砂砾层巷道与不考虑渗水作用砂砾层巷道围岩最小主应力的集中应力比值为:14.7/11.4=1.29,最大主应力的集中应力比值为:6.5/6.05=1.07。在渗流-应力耦合作用下,巷道围岩最大水平位移增加了(95－38)/38＝150%,最大竖向位移增加了(105－53)/53＝98%。

综合分析得出影响沙吉海矿区中生代松软富水砂砾层巷道稳定性的主导因素为以下几个方面:① 地下水渗流对围岩的物理化学作用等综合不利影响。② 围岩结构性差。③ 钢架支护强度、刚度不足。④ 砾石间充填物的黏土矿物含量较高。⑤ 无超前支护措施。⑥ 支护结构不合理。

5 渗压作用下松软富水砂砾层巷道围岩失稳判据

中生代松软富水砂砾层巷道围岩稳定性的重要影响因素之一是地下水，含水层中地下水向巷道空间内的渗流作用使得围岩体强度明显损伤劣化，支护结构上的荷载、围岩变形也显著增大，往往使得顶板产生剪切滑移，导致巷道失稳、冒顶。在不同渗水压力作用下围岩稳定程度亦不相同。若外界扰动或其他因素影响导致渗压相对较高，则很可能产生岩土混合物涌入或突水进入掘进现场，最终造成巷道围岩的突变失稳，严重影响煤矿安全生产。因此，科学、合理地判别及预测渗压作用下砂砾层巷道围岩的失稳破坏就显得尤为重要。

5.1 地下工程围岩失稳判据建立的主要方法及类别

关于岩土工程特别是地下巷道、隧道围岩的失稳破坏判据研究已有大量的成果。地下工程围岩稳定性判别准则主要有稳定性分类分区、变形速率或临界位移准则、能量法、基于强度理论的应力判别准则及围岩变形破坏演化过程判据等[150-151]。目前国内外常用的方法是根据现场监测数据资料(拱顶下沉、断面收敛、支护结构受力等)结合以往地下工程失稳灾害发生时变量临界值的统计分析，确定围岩失稳的判别依据，比如极限位移量、变形速率、极限载荷和速率比值[152-153]等。地下工程围岩失稳是工程岩体在特定地质力学环境中损伤破坏的过程，其稳定性与围岩破坏形式、岩体强度和应力状态相关。文献[147,152,153]依据围岩劈裂裂纹贯通、沿结构面滑移破坏机制及 Salamon 失稳条件，建立了围岩失稳判据。Lan 和 Ma 等[156-158]提出了基于岩土强度、水平应力或垂直有效应力的围岩失稳判据。

地下工程在变形失稳过程中，围岩系统不断与外界进行物质、能量的交换，局部还存在不同程度的能量积聚和释放，因此，能量方法也是当前评判围岩稳定性的一种主流方法，尤其是在岩爆、冲击地压及煤与瓦斯突出灾害预测方面应用较为广泛。Hashemi 等[157-159]通过分析一定应力状态下围岩能量演化机制、能量积聚过程及能量积聚的时空特征等，建立了相应的稳定性判据，并进行了工程应用。鉴于"等应力轴比"理论片面地以围岩周边切向应力 σ_θ 的分布均匀性直接作为稳定性判据的缺陷，范广勤[162]提出了应以围岩破坏区最小作为判别围岩稳定性的唯一条件。

由于砂砾层围岩材料的特殊性，加上渗流影响及随机不确定施工扰动引起渗压剧变，而导致砂砾层巷道的变形破坏具有高度的非线性特征，表现为变形、损伤从无序到有序，再向非线性加速阶段的跳跃式发展。非线性科学例如非线性动力学、突变理论等是研究非线性系统问题的有力工具。其中的尖点突变理论已被广泛应用于岩土工程稳定性分析及判别的研究工作中，取得了大量有益的成果。黄润秋等[161]介绍了用尖点突变理论评价边坡、活断层和地下硐室稳定性的一般方法及其在滑坡灾害预报中的应用。Pan 等[162-164]应用尖点突变模型分别分析了硐室岩爆失稳的物理过程、岩盐夹层的失稳破坏及海底隧道的断层突水机理。在失稳判据方面，Qin 等基于建立的滑坡失稳尖点突变模型，提出了边坡失稳的充要条件[167-168]。刘会波等[167-168]基于尖点突变理论建立了地下工程围岩失稳的能量耗散判据、位移模判据、屈服区面积判据等。

5.2 突变理论基本原理

一些事物从性状的一种形式突然跳跃到根本不同的另一种形式的不连续变化，称之为突变。20 世纪 60 年代，法国数学家托姆因研究植物的胚胎形成和发育过程而提出了突变理论，提出该理论时是基于一种哲学的思想，并没有数学公式的理论推导与证明。客观事物存在两种基本状态，一种为平稳、渐变且连续，另外一种则是与其对应的跳跃、突变以及间断。无论是哪一种状态都是与外部环境相互作用并演化的结果[171]。外部环境的随机变化或连续渐变也很有可能导致内部结构突然性的改变。该理论经过不断改进和发展，逐渐形成了突变理论的基本数学基础，并演化成为广泛适用于经济、社会学科、生物物理化学等领域的基本理论。

突变理论的分析基于寻求势函数突变的临界点来找到打破系统连续规律的外部条件，不仅仅是一阶导数，必要时也需要利用高阶导数等于零求函数的临界值，这是突变的几何雏形。势函数突变的临界点在参数存在小扰动时可利用 Taylor(泰勒)级数展开的方式求取。当突变点不仅仅是偶然性，而是结构稳定时，突变点则作为突变可行域特殊几何结构的组织中心，同时相应的参数空间也位于极限状态[172]。如果势函数存在两个或更少的自变量，四个或更少的参变量，那么此时突变几何存在七种几何结构，按照它们的各自的几何形状命名，相应的控制变量和状态变量维数、标准形式及平衡曲面如表 5-1 所示。

表 5-1　初等突变模型及性质

名称	控制变量维数	状态变量维数	标准形式	平衡曲面
折叠型	1	1	x^3+ax	$3x^2+a=0$
尖点型	2	1	x^4+ax^2+bx	$4x^3+2ax+b=0$
燕尾型	3	1	$x^5+ax^3+bx^2+cx$	$5x^4+3ax^2+2bx+c=0$
蝴蝶型	4	1	$x^6+ax^4+bx^3+cx^2+dx$	$6x^5+4ax^3+3bx^2+2cx+d=0$
双曲型脐点	3	2	$x^3+y^3+axy+bx+cy$	$3x^2+ay+b=0$ $3y^2+ax+c=0$
椭圆型脐点	3	2	$x^3-xy^2+a(x^2+y^2)+bx+cy$	$3x^3-y^2+2ax+b=0$ $-2xy+2ay+c=0$
抛物型脐点	4	2	$y^4+x^2y+ax^2+by^2+cx+dy$	$2xy+2ax+c=0$ $4y^3+x^2+2by+d=0$

对于走势平滑并且连续的势函数，使得导数为 0 的点称之为定态点，包括一阶导数等于零时的极大值、极小值以及二阶导数等于零对应的拐点三类。当自变量发生连续变化时，如果在定态点附近函数的状态变量出现不连续、跳跃等现象，则这些定态点就是奇点。系统的导数为 0 的全部定态点构成平衡曲面，平衡曲面可以视为具有流态的光滑曲面，奇点集合是平衡曲面的退化定态点的子集，奇点在某一控制空间的投影即为分叉点集，其中的点的特性就是使系统状态发生改变[173]。

突变理论应用的主要出发点是分叉理论和奇异性理论，以及结构稳定性概念。其主要阐述非线性系统如何从连续渐变状态走向系统性质的突变，亦即参数的连续改变如何导致不连续现象的产生。突变理论的一个显著优点是，即使在不知道系统有哪些微分方程，更不用说如何解这些微分方程的条件下，仅在少数几个假设的基础上，用少数几个控制变量便可预测系统的诸多定性或定量状态[174]。

5.3　尖点突变模型

目前，尖点突变模型是突变理论模型中应用最为广泛的初等突变模型。尖点突变模型的标准势函数是一个含有两个参数的函数，即[175]

$$V = x^4 + ux^2 + vx \tag{5-1}$$

式中，x 为状态变量；u，v 为控制变量。该突变模型的平衡曲面方程为

$$V'(x) == 4x^3 + 2ux + v = 0 \tag{5-2}$$

它在(x，u，v)空间中的图形称为突变流形，这是一个由上叶、中叶和下叶构成的褶皱曲面，如图 5-1 所示。在不同的区域内，平衡位置为 1 个、2 个或 3 个。平衡曲面上一点的坐标表示系统的状态。在中叶处，平衡点是势函数的极大值(grad $x<0$)，此时平衡点不稳定，所以中叶又称为不可达区域；在上叶和下叶，势函数取极小值(grad $x>0$)，平衡点稳定，这也是势函数通常所在的状态。上、下叶与中叶的分界线是由存在竖向切线的点组成，满足方程

$$V''(x) = 12x^2 + 2u = 0 \tag{5-3}$$

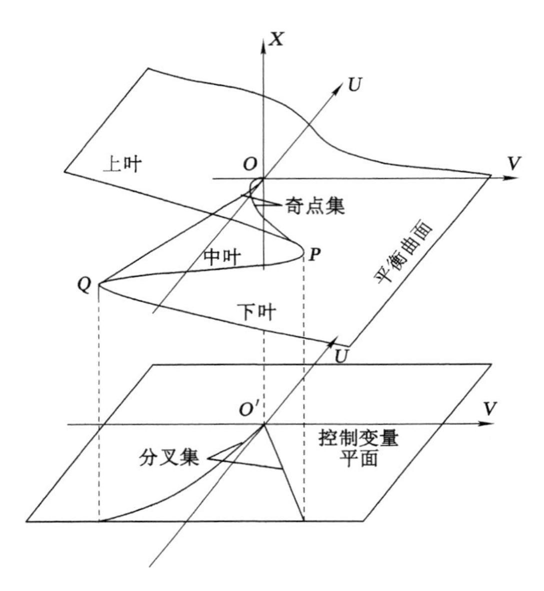

图 5-1　尖点突变模型[168]

这些点就称为突变点或奇异点，正是它们的存在导致尖点突变的产生，它们也构成了平衡曲面对应的奇点集。

联立式(5-2)、式(5-3)消去 x 得分叉集方程

$$8\mu^3 + 27\nu^2 = 0 \tag{5-4}$$

分叉集是奇点集在(u，v)平面内的投影，也是系统产生突变现象的临界位置。分叉集为尖点突变的判断提供了直接判据。

图 5-1 显示了分叉集与非线性系统稳定性态之间的关系。

尖点突变模型的状态曲面由上、中、下三叶组成，从正面看，其形态似一条 S 形曲线，存在明显的拐点。设想系统的状态是以(x，u，v)为坐标的三维相空间

的一点来表示，任一相点必然落在三叶曲面上。当系统参数发生变化时，它经历的平衡位置是突变流形上的一条曲线，可以看出该曲线具有以下特征[176]：

(1) 多模态性：具有多个平衡位置。

(2) 跳跃性：平衡曲面上的一点突然由上叶的平衡位置变为在下叶的平衡位置。

(3) 滞后性：平衡位置在下叶变化时，突跳不发生在上叶的奇异点 P 而发生在下叶 Q 点，明显滞后。

(4) 不可达性：上述的跳跃在上叶与下叶突变点之间 x 值相应的状态是不可能达到的。

(5) 发散性：沿着两条靠近的路径得到的最终平衡位置大不相同(分别在上叶和下叶)，因为两条路径分别在尖点的两侧。

这样，就可以用突变特征值 $\Delta=8\mu^3+27\nu^2$ 判断系统是否发生状态突变。当 $\Delta>0$ 时系统处于稳定状态，不会产生突变；当 $\Delta\leqslant 0$ 时，系统可能跨越分叉集产生突变现象，系统处于不稳定状态[168]。

5.4 渗压作用下松软富水砂砾层巷道围岩失稳判据的建立

5.4.1 位移模极值突变判据

富水砂砾层巷道在一定的地质力学环境下，由于受附近施工及采掘活动的影响，巷道围岩的应力场及渗流场均会发生复杂的变化，尤其是渗透压力，从而显著影响巷道的稳定性。为方便围岩稳定性理论分析，假设围岩体材料为均质、初始应力不变，而渗透水压力 P_s 随时间 t 变化，即巷道的主要影响因素为 P_s。随着渗透压力 P_s 的连续改变，围岩变形亦在不停变化。假定巷道表面各点的位移 H 与渗压 P_s 存在某一种映射关系，那么位移量 H 可表示为 P_s 的连续函数，即位移连续函数 $H=f(P_s)$，这也是巷道围岩系统的势函数。

将函数 $H=f(P_s)$ 在 $P_s=0$ 处按 Taylor 级数展开，取至对函数影响显著的 4 次项，得

$$\begin{aligned} H &= f(P_s) \\ &= \frac{1}{4!}\cdot\frac{\partial^4 H}{\partial P_s{}^4}\cdot P_s{}^4+\frac{1}{3!}\cdot\frac{\partial^3 H}{\partial P_s{}^3}\cdot P_s{}^3+\frac{1}{2!}\cdot\frac{\partial^2 H}{\partial P_s{}^2}\cdot P_s{}^2+\frac{\partial H}{\partial P_s}\cdot P_s+f(0) \\ &= a_4P_s{}^4+a_3P_s{}^3+a_2P_s{}^2+a_1P_s+a_0 \end{aligned} \tag{5-5}$$

上式记为

$$H=a_0+\sum_{i=1}^{4}a_iP_s{}^i \tag{5-6}$$

式中，$a_0 = f(0)$，$a_i = \frac{1}{i!} \cdot \frac{\partial^i H}{\partial P_s{}^i}\Big|_{P_s=0}$。

对于式(5-5)，令 $P_s = x - \xi$，则有

$$H = a_4 (x-\xi)^4 + a_3 (x-\xi)^3 + a_2 (x-\xi)^2 + a_1 (x-\xi) + a_0 \tag{5-7}$$

展开后整理可得

$$\begin{aligned} H = & a_4 x^4 + (a_3 - 4a_4\xi)x^3 + (a_2 - 3a_3\xi + 6a_4\xi^2)x^2 + \\ & (a_1 - 2a_2\xi + 3a_3\xi^2 - 4a_4\xi^3)x + (a_0 - a_1\xi + a_2\xi^2 - a_3\xi^3 + a_4\xi^4) \end{aligned} \tag{5-8}$$

令 $\xi = \frac{a_3}{4a_4}$，则式(5-8)化为

$$H = c_4 x^4 + c_2 x^2 + c_1 x + c_0 \tag{5-9}$$

其中：$c_4 = a_4$，$c_2 = a_2 - 3a_3\xi + 6a_4\xi^2$，$c_1 = a_1 - 2a_2\xi + 3a_3\xi^2 - 4a_4\xi^3$，$c_0 = a_0 - a_1\xi + a_2\xi^2 - a_3\xi^3 + a_4\xi^4$。

又令 $H = c_4 V$，$\mu = \frac{c_2}{c_4}$，$\nu = \frac{c_1}{c_4}$，$\omega = \frac{c_0}{c_4}$，式(5-9)可以转化为尖点突变模型的标准势函数形式，即

$$V(x) = x^4 + \mu x^2 + \nu x + \omega \tag{5-10}$$

根据

$$V'(x) = \frac{dV}{dx} = 4x^3 + 2\mu x + \nu = 0 \tag{5-11}$$

及

$$V''(x) = \frac{d^2V}{dx^2} = 12x^2 + 2\mu = 0 \tag{5-12}$$

得到尖点突变模型的分叉集方程为

$$8\mu^3 + 27\nu^2 = 0 \tag{5-13}$$

因此，突变特征值 $\Delta = 8\mu^3 + 27\nu^2$ 可以作为判断围岩体系统是否发生失稳突变的判据。当 $\Delta \leqslant 0$ 时，围岩系统处于不稳定状态，巷道岩体发生突变现象。

当需要解决具体的实际工程问题时，可以利用现场监测的位移数据或工程数值计算结果的位移场值进行相应的计算和判别。假设渗透压力 P_s 随时间 t 变化，并且采集到渗透水压力 P_s 变化至 k 个不同水平时所对应的位移量，各个位移量组成一时间序列，即位移模极值序列 $\{H(1), H(2), H(3), H(4), \cdots, H(k)\}$。其中第 k 个渗压时步产生的位移 $H(k)$ 取巷道表面当时最大的位移值，即

$$\begin{aligned} H(k) &= \max\{y_1, y_2, y_3, y_4, \cdots, y_i\} \\ &= \max\left\{\sqrt{u_1{}^2 + v_1{}^2}, \sqrt{u_2{}^2 + v_2{}^2}, \sqrt{u_3{}^2 + v_3{}^2}, \cdots, \sqrt{u_i{}^2 + v_i{}^2}\right\} \end{aligned} \tag{5-14}$$

式中 y_i——第 k 个渗压时步中第 i 个围岩关键部位的位移值；

u_i, v_i——其水平位移及垂向位移。

根据位移模极值序列 $\{H(1), H(2), H(3), H(4), \cdots, H(k)\}$，采用最小二

乘法进行多项式拟合，可以得到类似于式(5-10)的位移关于渗透压力的一个4次幂函数，即富水砂砾层巷道围岩系统近似的位移势函数。由系数 a_i 进一步确定 c_i，并分别计算出相应工况下的突变特征值 Δ，然后对围岩系统的稳定性进行判定，该计算、判定过程如图5-2所示。

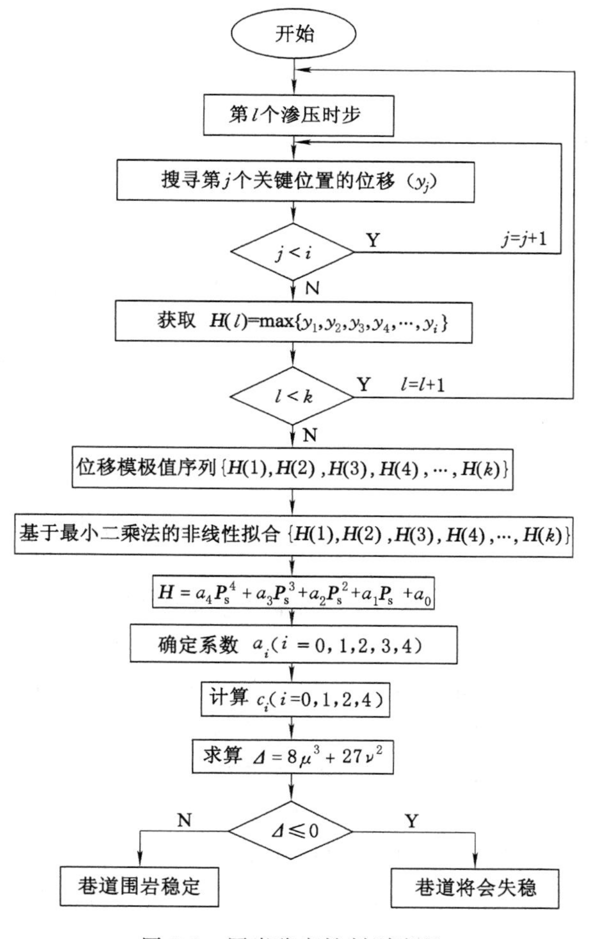

图5-2　围岩稳定性判别流程

5.4.2　损伤区面积突变判据

受邻近采掘工程活动的扰动或其他因素的影响，松软富水砂砾层巷道围岩的渗流场发生显著改变，不仅会引起围岩变形的增加，还会导致巷道开挖面附近区围岩损伤破裂范围的扩展、变化，即损伤区面积非线性增大，最终诱发巷道系统从稳定的平衡态向非稳定的平衡态进发，围岩产生失稳突变。因此，围岩损伤区面积 D 可以较为直观、形象地反映巷道系统的稳定状况。

如前所述假定巷道围岩均质。区域应力场不变，外界长时间持续影响引起围岩渗透水压力 P_s 不断变化，而围岩各个部位扰动损伤区的面积 D 也在改变。假设渗透压力 P_s 与损伤面积 D 之间的关系可以用一个连续函数 $D=f(P_s)$ 表示，则它即是巷道围岩系统的损伤势函数，P_s 为系统的状态变量。

类似式(5-5)，函数 $D=f(P_s)$ 可近似写为

$$D = f(P_s) = b_4 P_s^{\ 4} + b_3 P_s^{\ 3} + b_2 P_s^{\ 2} + b_1 P_s + b_0 \tag{5-15}$$

令 $P_s = z - \zeta, \zeta = \dfrac{b_3}{4b_4}$，则式(5-15)可整理化为

$$D = e_4 z^4 + e_2 z^2 + e_1 z + e_0 \tag{5-16}$$

其中：$e_4 = b_4$，$e_2 = b_2 - 3b_3\zeta + 6b_4\zeta^2$，$e_1 = b_1 - 2b_2\zeta + 3b_3\zeta^2 - 4b_4\zeta^3$，$e_0 = b_0 - b_1\zeta + b_2\zeta^2 - b_3\zeta^3 + b_4\zeta^4$。

进一步，令 $D=e_4 V, \mu=\dfrac{e_2}{e_4}, \nu=\dfrac{e_1}{e_4}, \omega=\dfrac{e_0}{e_4}$，式(5-16)转化为尖点突变模型的标准势函数形式，即

$$V(z) = z^4 + \mu z^2 + \nu z + \omega \tag{5-17}$$

此时，同样可以采用突变特征值 $\Delta=8\mu^3+27\nu^2$ 作为巷道围岩系统是否发生失稳突变的判据。

上述理论亦可以应用到基于现场围岩探测或工程数值计算的巷道稳定性判定及分析中。根据渗透水压力 P_s 变化至 k 个不同水平所对应的围岩损伤场，获取各个状态下围岩的损伤面积 D 并组成损伤面积序列$\{D(1), D(2), D(3), D(4), \cdots, D(k)\}$。其中第 k 个渗压时步对应的围岩损伤区面积 $D(k)$。

为了得到基于探测数据或数值计算结果的富水砂砾层巷道系统近似的损伤面积势函数，采用最小二乘法原理对序列$\{D(1), D(2), D(3), D(4), \cdots, D(k)\}$进行非线性回归，获得式(5-15)，即损伤面积关于渗透压力的4次幂函数。联立式(5-15)、式(5-16)及式(5-17)求得不同状态下的突变特征值 Δ，进而可判断巷道围岩系统是否发生失稳突变。

5.5 数值算例及验证

5.5.1 工程概况及计算条件

某大型煤矿矿区内煤系地层主要为中生界侏罗系地层。一水平井底车场巷

道赋存于砂砾层中。该半圆拱巷道净宽、净高分为 5 m、4 m，埋深约 250 m。砂砾层厚 20 m，强度低、胶结性差，上覆强富水中砂岩（厚 10～40 m）。掘进工作面涌水量 25 m^3/h，严重影响巷道的稳定性。

利用颗粒离散元程序建立该巷道的平面应变模型（30 m×30 m），见图 5-3，模型的前后面法向约束，而顶、底、左和右面固定，开挖面为透水边界。水平及垂直地应力分别为 3.5 MPa、5 MPa。模型的细观参数见表 5-2。考虑附近扰动引起渗流场的变化，计算该巷道在不同渗透压力下（0.1～1.0 MPa）围岩的变形及损伤区分布特征。

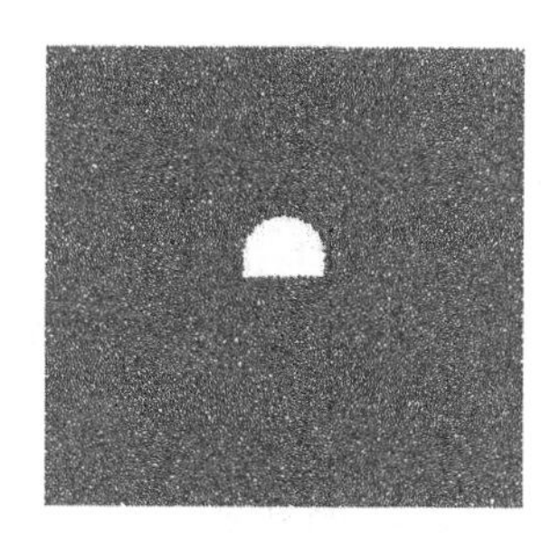

图 5-3　数值模型

表 5-2　颗粒离散元模型细观参数

颗粒最小半径/mm	颗粒粒径比	颗粒密度/(kg/m^3)	颗粒接触模量/GPa	颗粒刚度比	颗粒摩擦系数	平行黏结模量/GPa	平行黏结刚度比	法向黏结强度/MPa	切向黏结强度/MPa
80	1.5	2 500	4.0	1.3	0.3	4.0	1.3	1.2±10	2.4±10

5.5.2　围岩失稳判别及判据分析

通过图像分析系统对数值计算结果进行图像识别，提取了不同渗压下巷道围岩的位移模极值及损伤区面积，如图 5-4 所示。位移模及损伤面积均呈现出不规则的波动变化，而且二者的变化规律相似。随着渗透压力的增加，围岩位移模、损伤面积先经历一小段的增加然后快速减小，P_s＝0.7 MPa 时它们都降到最小（30 mm、41.854 m^2）。之后二者急剧攀升，并都各自达到峰值（64 mm、129.44 m^2）。超过峰值后，二者都下降到某一个较低的值。变化趋势表明，在渗透水压力增加的后阶段，巷道围岩变形及损伤都发生了大幅度的突增现象，这可能导致围岩失稳、破坏。

对以上位移模和损伤面积数据进行处理和计算，得到了尖点突变模型的各个参数，见表 5-3. 当 P_s<0.9 MPa 时，位移模和损伤面积的突变特征值均大于

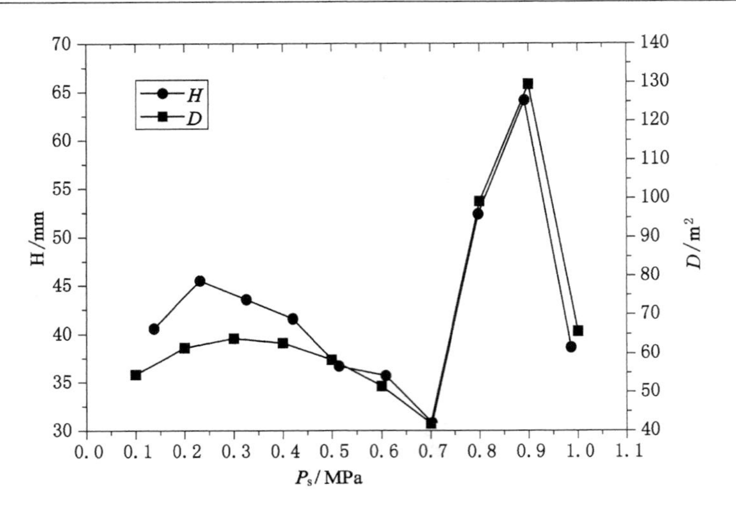

图 5-4　位移模及损伤面积变化曲线

0，即 $\Delta>0$，$\Delta_1>0$，说明巷道是稳定的；而当 $P_s=0.9$ MPa 时，$\Delta<0$，$\Delta_1<0$，可以判定巷道出现了失稳现象，围岩系统的状态由稳定向失稳突然变化。失稳时刻围岩损伤面积达到了 129.44 m^2，是巷道断面积的 7.48 倍。

表 5-3　尖点突变模型中各参数计算

P_s	0.5	0.6	0.7	0.8	0.9	1.0
c_4	−4.17e+3	0.000	−9.47e+2	1.21e+3	−1.52e+2	−1.63e+3
c_2	51.667	4.12e+16	44.896	−1.02e+2	5.89e+2	3.70e+2
c_1	−21.400	3.55e+30	−29.871	26.567	5.82e+2	9.630
μ	−0.012	−2.50e+28	−0.047	−0.084	−3.885	−0.227
ν	0.005	−2.15e+42	0.032	0.022	−3.842	−0.006
P_s	0.5	0.6	0.7	0.8	0.9	1.0
e_4	−1.76e+2	−56.458	−1.13e+2	4.50e+3	3.42e+2	−3.67e+03
e_2	−1.52e+2	−93.343	−1.29e+2	−3.09e+2	−8.75e+2	8.27e+02
e_1	−47.671	−1.24e+2	−77.229	−52.460	6.92e+2	47.859
μ_1	0.863	1.653	1.139	−0.069	−2.558	−0.225
ν_1	0.270	2.203	0.681	−0.012	2.021	−0.013
Δ	0.001	0.000	0.026	0.008	−70.719	−0.093
Δ_1	7.113	1.67e+2	24.315	0.001	−23.564	−0.087
状态	稳定	稳定	稳定	稳定	失稳	失稳

当渗透水压力增大至0.9 MPa时，巷道失稳，围岩损伤区范围也产生了阶跃式增长(见图5-5)，损伤面积大约为失稳前$P_s=0.7$ MPa时的3.09倍，尤其是巷道顶板及底板的损伤破坏范围十分大，证明了此刻围岩的确发生了失稳，这与基于尖点突变模型建立的失稳判据得到的判别结果是吻合的。

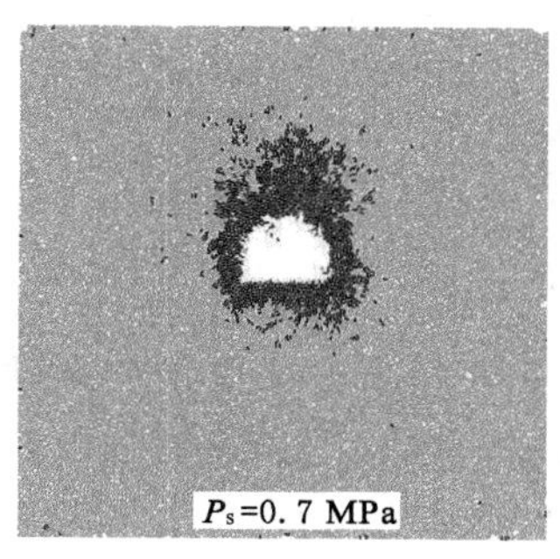

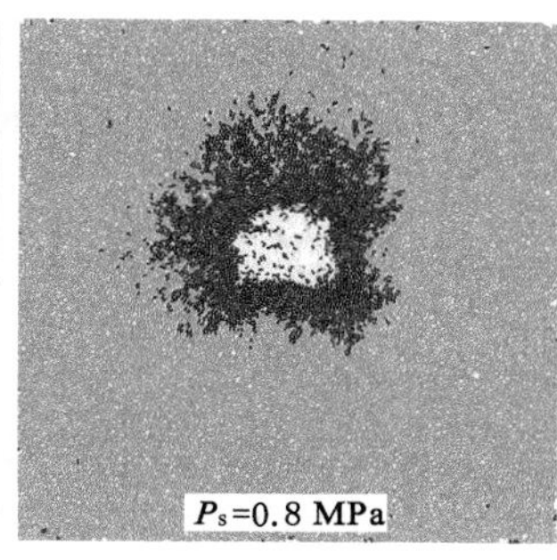

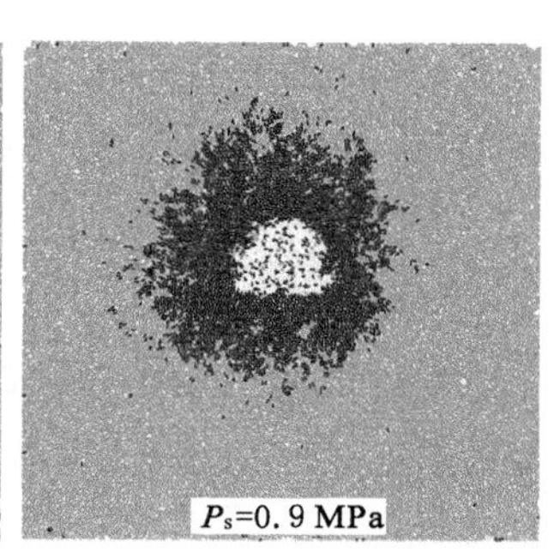

图5-5　围岩失稳前后损伤区分布

5.6　小结

基于突变理论，分别以位移函数、损伤面积函数作为巷道围岩系统的势函数，建立了松软富水砂砾层巷道围岩的失稳判据，即位移模极值突变判据和损伤区面积突变判据。提出了中生代松软富水砂砾层巷道围岩系统稳定性判别的实施方法及具体流程，并通过颗粒离散元数值仿真验证了所建立的失稳判据的可行性及适用性。

6 沙吉海矿区松软富水砂砾层巷道围岩控制对策

沙吉海矿区中生代砂砾层巷道围岩因自身性质、工程地质及水文地质条件等的影响，在巷道掘进及服务期间产生漏冒、片帮等破坏现象，围岩控制难度较大。在充分掌握松软富水砂砾层巷道围岩变形失稳机理的基础上，需全面考虑影响巷道围岩稳定性的主导因素。针对这些主导因素，分析并提出中生代松软富水砂砾层巷道工程稳定性的控制原则，确定相应的稳定性控制对策及具体方案，然后借助数值分析的方法对所提出的控制方案的控制效果进行仿真计算，最后通过现场工业性试验进行验证和进一步优化。

6.1 中生代松软富水砂砾层巷道围岩稳定性控制原则

通过对新疆沙吉海矿区中生代砂砾层巷道流固耦合作用的变形破坏机理进行较为深入的分析、探讨，明确了导致巷道失稳的主要原因是地下水对围岩的不利影响、围岩岩性差、原支护与围岩不耦合、施工措施不到位、支护结构不合理等。因此，针对这些破坏原因必须遵循一定控制原则并采取相应的支护措施，各个击破，进而达到使巷道围岩稳定的目的。

6.1.1 防治水原则

水是渗水条件下砂砾层巷道的变形破坏的主导因素，因而对巷道围岩进行成功治理的关键在于防治水，必须适时地采取合理的防治水措施。主要包括排水与堵水两个方面的内容，排水是在巷道掘进工作面或其他施工环境中采取打排水孔、修砌排水沟等措施，及时疏导顶板淋水、工程用水在底板的淤积，最大可能地避免巷道围岩与水长时间接触；堵水是在围岩内采取注浆等措施，封堵渗水通道，降低水对围岩的不利影响。

6.1.2 短掘短支原则

由于砂砾层巷道围岩结构性差、胶结程度低，固结成岩作用差，自承能力明显不足，若巷道开挖后支护不及时，新掘进头砂砾石顶板空顶距稍长则易顶部掉块或大面积垮冒，因此，施工时采用短循环开挖，并及时进行支护。

6.1.3 及时封闭原则

巷道围岩砾石间的胶结物中含有一定的蒙脱石及伊/蒙混层，导致其抗风化、软化、化学环境侵蚀的能力差。巷道开挖后完全裸露，空气中的水与围岩相互作用致使围岩强度大幅降低，围岩整体性也有所削弱。因此，巷道开挖后，应及时喷混凝土进行封闭。

6.1.4 充分利用围岩自承能力原则

由支架-围岩相互作用原理可知，支架对限制围岩的移动变形只是较小的一部分，完全抵抗住围岩的变形是不可能的，这就需要充分发挥围岩的自承能力来减小围岩的变形。在现场工程应用中，可以对围岩进行注浆加固，以提高围岩的自身强度、整体性，进而增强巷道围岩的自承力。

6.1.5 耦合支护原则[175-177]

前述破坏原因分析中指出，由于钢架支护强度、空间刚度不足导致 U25 钢架的棚梁严重变形，棚腿扭曲，这实质是支护结构与围岩没有达到最佳的耦合状态，变形不协调、荷载不均匀。依据何满潮教授提出的耦合支护原理：巷道围岩由于塑性大变形而产生的变形不协调部位，可通过不同支护之间的耦合以及支护体与围岩之间的耦合而使其变形协调，从而限制围岩产生有害的变形损伤，同时最大限度地发挥围岩的自承能力，实现支护一体化、荷载均匀化，达到巷道稳定的目的。故在新支护设计中需调整钢支架的强度、刚度，寻求支护-围岩的最佳耦合参数。

6.1.6 加强监测、反馈设计原则

在合理设计和施工的基础上，将监测作为优化支护参数的必要手段，结合现场工程实际情况对巷道围岩控制所采用的支护形式进行动态监测，在分析监测成果的基础上，判断支护方式、支护参数的合理性，及时做出调整，以保证巷道围岩的稳定。

综上所述，应在遵循以上围岩控制原则的基础上，从安全上可靠、技术上可行、经济上合理的角度出发，采取合理的巷道支护方式，充分发挥围岩的承载力，最

大限度地利用支护结构的支护能力，以保证巷道的稳定，为矿山安全生产创造有利条件。

6.2 中生代松软富水砂砾层巷道围岩控制对策

通过对沙吉海矿中生代砂砾层巷道围岩的破坏机理、破坏原因及稳定性控制原则的综合分析，结合工程实际，确定采用管棚超前支护-U型钢架临时支护-围岩注浆永久支护的支护技术作为其主要控制对策。

针对砂砾层围岩的结构松散、成岩作用差、自承能力显著不足、开挖后顶板易漏冒的特点，采用小管棚进行超前主动支护。在巷道开挖之前，通过向掘进工作面轮廓线打入小钢管，使得在巷道顶部形成拱形连续体，既加固了工作面前方地层，也可通过拱形承载结构保证工作面前方岩土体的稳定，防止巷道开挖后发生冒顶、垮落事故。砂砾层巷道开挖后围岩的整体稳定性较低，需及时进行临时支护以保证施工安全。U型钢可缩性支架不仅具有较高的承载力，支撑来自顶板及帮部的压力，而且在竖向和横向都可收缩变形，从而适应围岩的过大变形，避免钢架严重损坏，故采用U型钢支架对开挖后的巷道围岩进行临时支护。

对于富水条件下砂砾层巷道围岩稳定性控制的关键是对水的防治。防治水主要包括排水和堵水两个方面。巷道掘进工作空间内的水治理采用排水措施，可采取布置管路排水或者修砌排水沟，并进行防渗处理；而对于围岩内部的水的控制，最有效的方法是注浆，通过注浆封闭孔隙、裂隙，消除地下水的渗流通道，并起到防止风化、水化对围岩的侵蚀破坏作用，改善了砂砾层巷道围岩的赋存环境，大大降低了水对围岩的不利影响。在注浆止水的同时，注浆加固可显著提高其围岩的强度，改善其力学性能，进而提高围岩的自承能力。此外，通过注浆加固巷道围岩，可使砂砾层中砾石与充填物重新胶结形成承载结构，改善围岩的应力状态，阻止松动范围的进一步扩展，从而提高了巷道围岩的整体性及承载能力，有利于巷道的长期稳定。

综上所述，新疆沙吉海矿区中生代砂砾层巷道工程的稳定性控制对策可概括为：及时超前主动支护，防止围岩过大变形，注浆消除水的弱化作用，主动加固围岩，控制合理松动范围。

6.3 流固耦合作用下砂砾层巷道控制效果的数值模拟

依据对新疆沙吉海矿区中生代砂砾层巷道渗流-应力耦合作用下的变形失稳过程的数值计算、破坏机制、巷道稳定性影响的主控因素的分析，基于砂砾层巷道稳定性控制的原则，结合现场工程实际情况，确定＋550 m水平井底车场砂砾层段采用超前管棚＋混凝土喷层＋U型钢支架＋注浆的耦合支护形式。为验证该支护形式的科学性、有效性及适用性，采用大型三维有限差分法数值计算程序FLAC 3D对在该支护方案下＋550 m水平井底车场砂砾层段的控制效果进行了模拟计算，从应力场、位移场分布特征及塑性区范围等方面进行对比分析，结果表明该支护形式是合理可行的。

6.3.1 数值模型及材料参数

6.1.1.1 三维数值计算模型的建立

＋550 m水平井底车场支护工程及地质工程力学模型见图6-1，模型采用六面图单元进行网格划分，模型的计算范围长×宽×高＝20 m×30 m×3 0 m，一共划分19 560个单元，22 148个节点。模型侧面限制水平移动，底部为固定边界，模型上表面为上覆岩体自重应力边界，施加的荷载为6.2 MPa。巷道围岩及注浆加固圈均采用实体单元，材料本构模型为Morh-Coulumb弹塑性模型；钢拱架＋混凝土喷层采用壳(shell)单元模拟；开挖单元采用Null模型模拟；渗流模型采用各向同性渗流模型，模型顶部及开挖界面为透水边界。

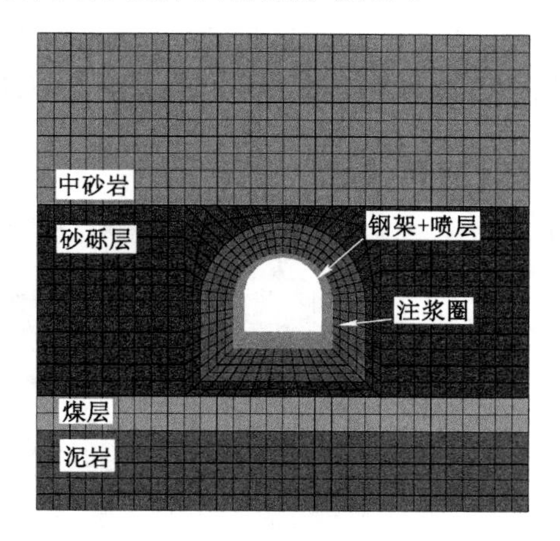

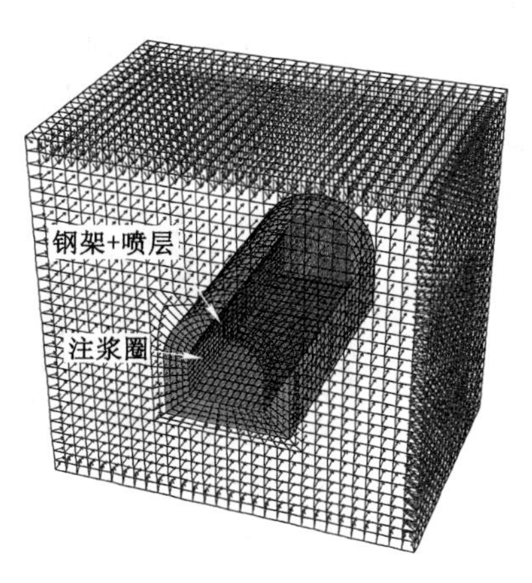

图6-1 ＋550水平井底车场支护及地质工程力学模型

6.1.1.2 模型参数的选取

计算所采用的围岩物理力学性质参数及渗流参数综合参考沙吉海井田综合地质勘探数据以及本课题所进行的室内物理力学试验结果确定。计算中所采用的参数见表6-1。

表 6-1　+550 m 水平井底车场模型材料参数取值

序号	岩性	体积模量/GPa	剪切模量/GPa	抗拉强度/MPa	黏结力/MPa	内摩擦角/(°)	渗透系数/[m²/(Pa·s)]
1	中砂岩	2.9	0.34	1.47	1.9	29	1.6×10^{-10}
2	砂砾层	2.3	0.30	0.02	0.11	27	1.8×10^{-9}
3	煤	3.2	1.22	2.0	2.2	30	2.4×10^{-12}
4	泥岩	4.1	2.61	1.97	2.68	31	4.3×10^{-12}

6.3.2 计算结果及分析

6.3.2.1 巷道围岩位移场分布特征

从不同开挖支护距离巷道围岩水平位移及竖向位移分布场(图 6-2～图 6-9)可以看出,采用超前管棚+混凝土喷层+U 型钢支架+注浆支护后,巷道围岩的整体变形较小,最大帮缩量为 9 mm,最大顶底板移近量为 15 mm,变形值在工程允许的范围内,比富水条件下砂砾层巷道开挖无支护的水平变形及竖向变形分别减小了 94%与 87%,说明支护结构的控制作用是显著的。随着巷道的掘进,由于围岩应力场的重分布及施工扰动,围岩水平位移及竖向位移均在增加,顶板的变形最大,帮部次之,底板无明显变形。由图 6-10 和图 6-11 可以看出,U 型钢支架的变形并不大,拱顶最大位移为 7.9 mm,棚腿的最大水平位移为4.3 mm,结合围岩的最大变形量值,说明钢架发挥了较大的支撑作用。

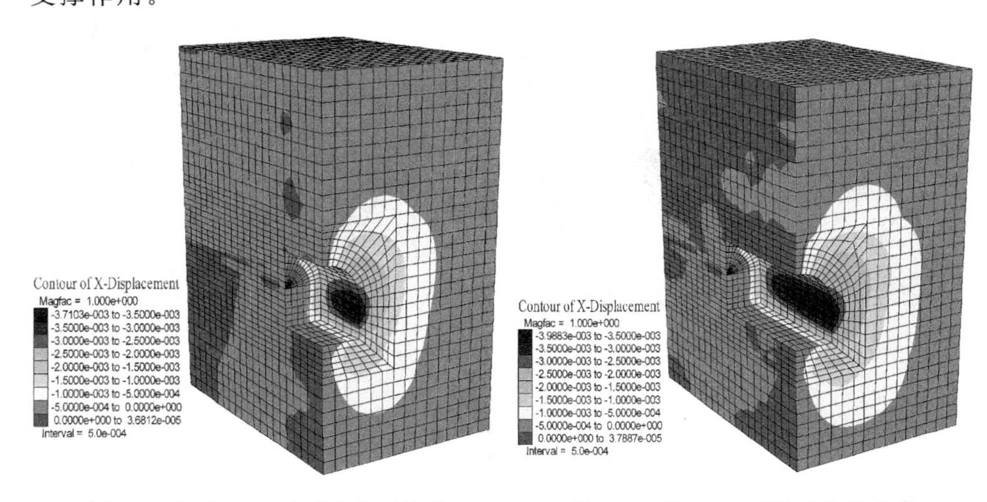

图 6-2　掘进 5 m 时围岩水平位移　　图 6-3　掘 10 m 时围岩水平位移

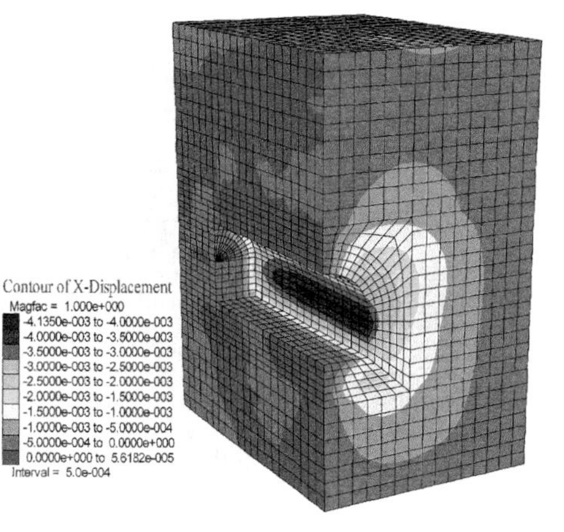

图 6-4　掘进 15 m 时围岩水平位移

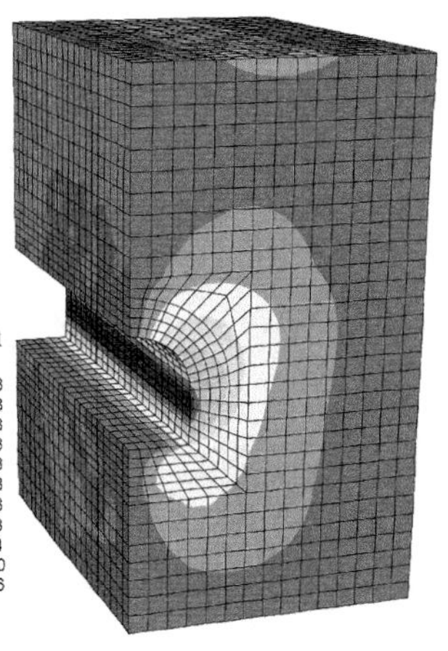

图 6-5　掘进 20 m 时围岩水平位移

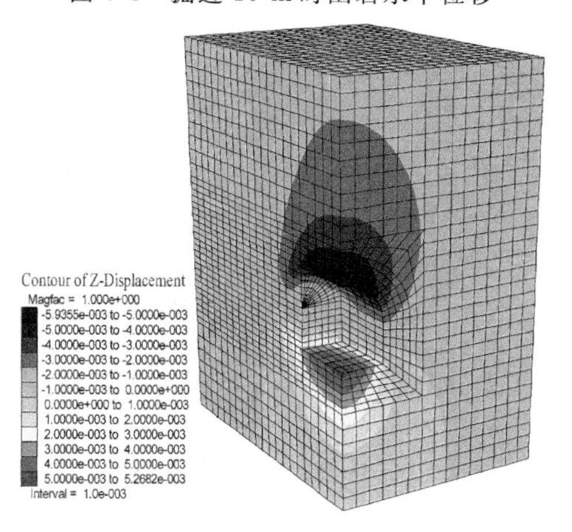

图 6-6　掘进 5 m 时围岩竖向位移

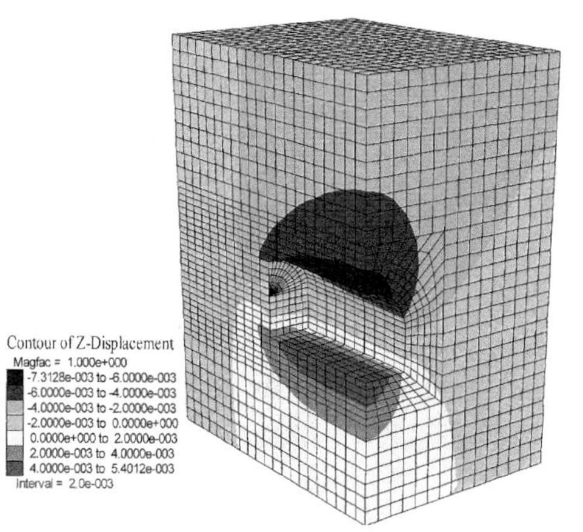

图 6-7　掘进 10 m 时围岩竖向位移

6.3.2.2　巷道围岩应力场分布特征

图 6-12～图 6-19 所示为巷道不同掘进长度的最大主应力场及最小主应力场分布情况，可以看出，围岩最大主应力最大值约为 4.2 MPa，最小主应力最大值约为 0.59 MPa，均有所降低。随着掘进距离的加大，最小主应力及最大主应力也在增加，但是增加的幅度较小，尤其是最大主应力变化很小，从 4.02 MPa增加至 4.2 MPa，顶、底板的拉应力也有所降低，这将有利于巷道的稳定。此外，巷道顶板、帮部及顶角部位的应力集中程度较无支护时有较大程度的降低，应力集中覆盖的区域约为 2 m。这说明通过超前支护、注浆支护等措施大大降低了围岩的应力集中程度，控制了顶板的大变形；采用滞后注浆的

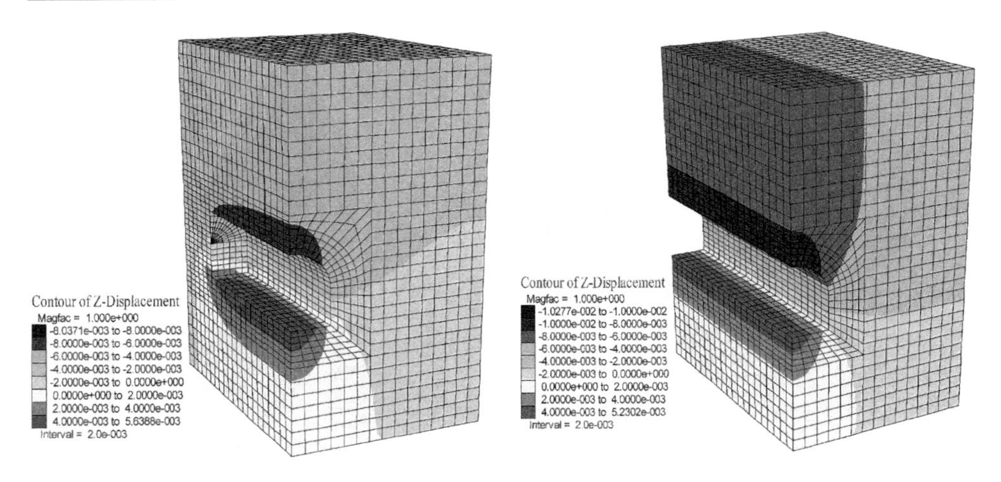

图 6-8　掘进 15 m 时围岩竖向位移　　　图 6-9　掘进 20 m 时围岩竖向位移

SEL Z-Displ
Magfac = 1.000e+000
-7.9590e-003 to -6.0000e-003
-6.0000e-003 to -4.0000e-003
-4.0000e-003 to -2.0000e-003
-2.0000e-003 to 0.0000e+000
0.0000e+000 to 2.0000e-003
2.0000e-003 to 4.0000e-003
4.0000e-003 to 5.7191e-003
Interval = 2.0e-003

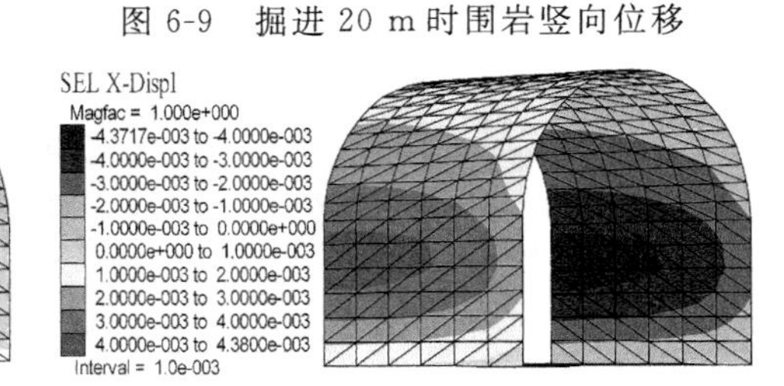

图 6-10　钢架竖向位移　　　图 6-11　钢架水平位移

方式提高了围岩自身的强度，增强了围岩的自稳能力，改善了围岩的受力状态，提高了砂砾层巷道围岩的稳定性。

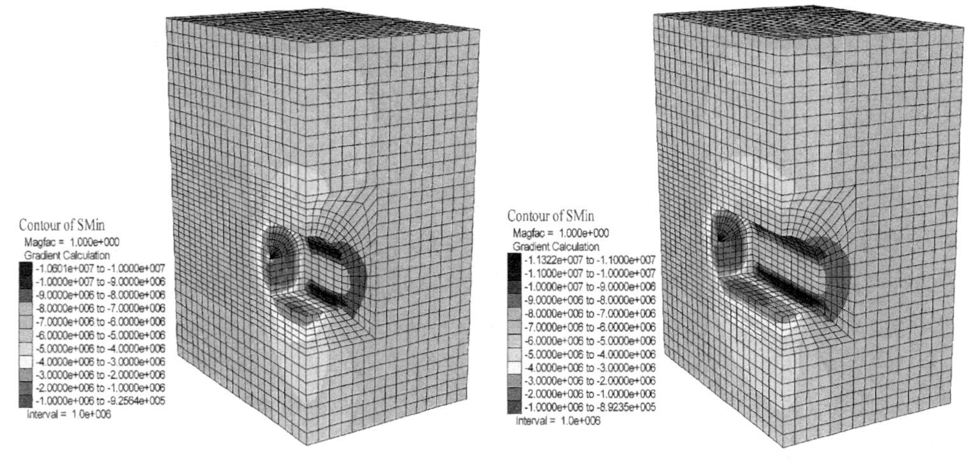

图 6-12　掘进 5 m 时围岩最小主应力　　　图 6-13　掘进 10 m 时围岩最小主应力

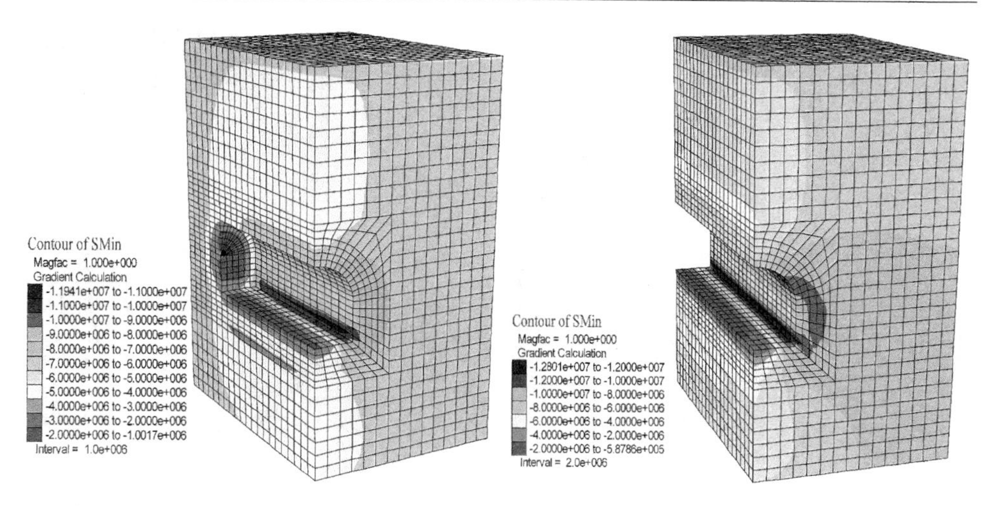

图 6-14　掘进 15 m 时围岩最小主应力　　　图 6-15　掘进 20 m 时围岩最小主应力

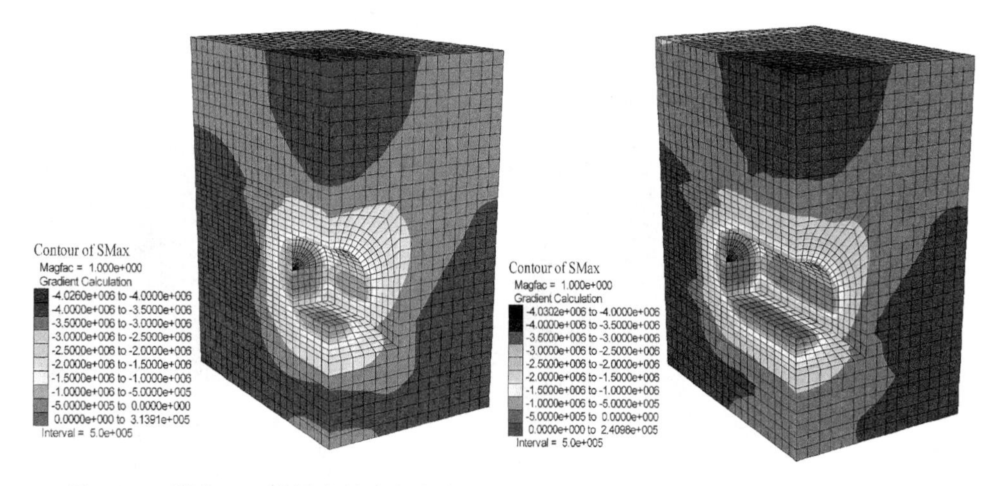

图 6-16　掘进 5 m 时围岩最大主应力　　　图 6-17　掘进 10 m 时围岩最大主应力

6.3.2.3　巷道围岩塑性区分布特征

由图 6-20～图 6-23 围岩塑性区分布场可知，随着掘进距离的增大，巷道围岩塑性区的发展并不明显。巷道开挖支护后围岩的塑性区面积得到了有效控制，最大影响深度约为 2 m，尤其是顶板的塑性区发展得到最显著的遏制，除了右顶角有极少数单元产生拉剪破坏；帮部的塑性破坏区稍大，但是没有进一步向深部发展，底板基本无明显的塑性变形及塑性破坏，这说明了超前管棚、U 型钢架支护及注浆加固有效阻止了围岩塑性屈服的快速发展，较大程度地保持了砂

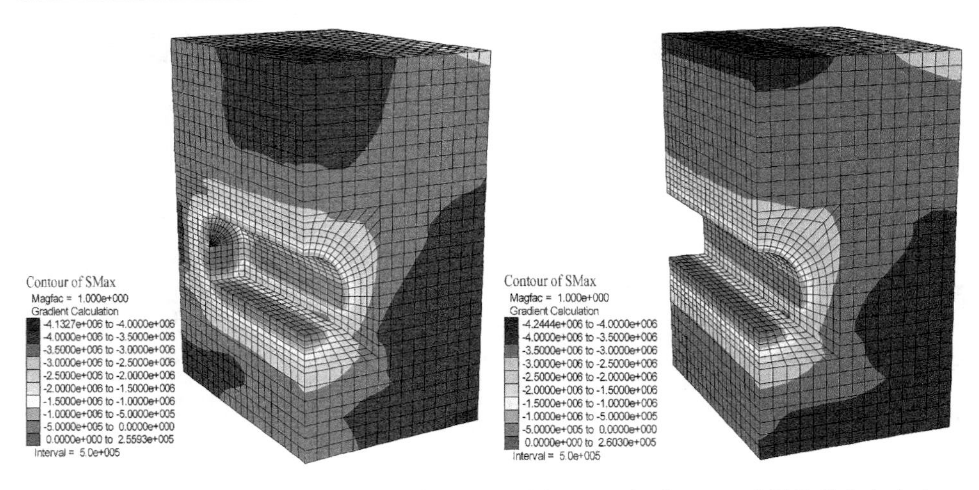

图 6-18　掘进 15 m 时围岩最大主应力　　　图 6-19　掘进 20 m 时围岩最大主应力

砾层弱结构顶板的强度，提高了其自承能力。此外，通过滞后注浆充填围岩孔隙，阻隔渗流通道，大幅降低了水对围岩的弱化作用，同时也改善了自身的性质，提高了强度，因而，塑性应变显著减小。

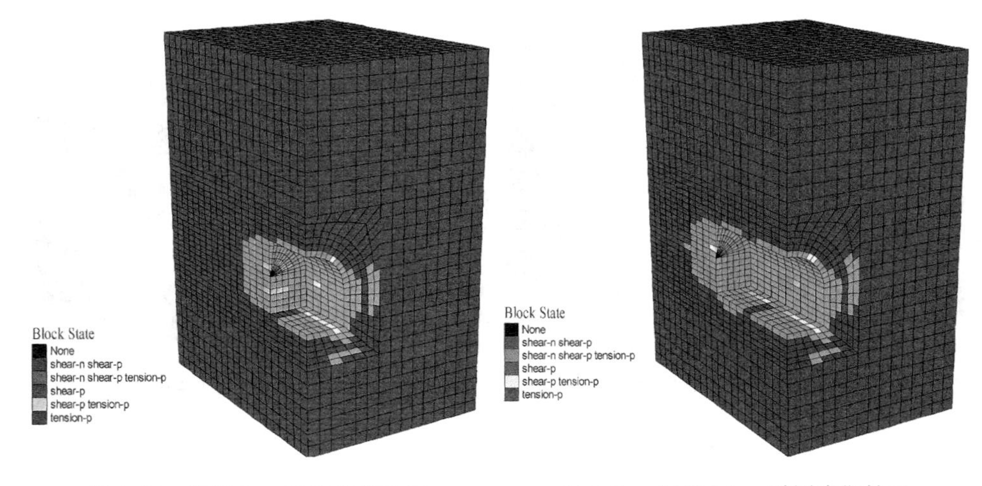

图 6-20　掘进 5 m 时围岩塑性区　　　图 6-21　掘进 10 m 时围岩塑性区

6.3.2.4　围岩位移监测点变化曲线

为了掌握中生代砂砾层巷道渗流-应力耦合作用下采用超前支护＋U 型钢架＋注浆支护后，围岩的变形过程、孔压的发展规律，以进一步明确该支护对策的控制机理，并检验支护的有效及可靠性，在数值计算模型的巷道顶、底板及两

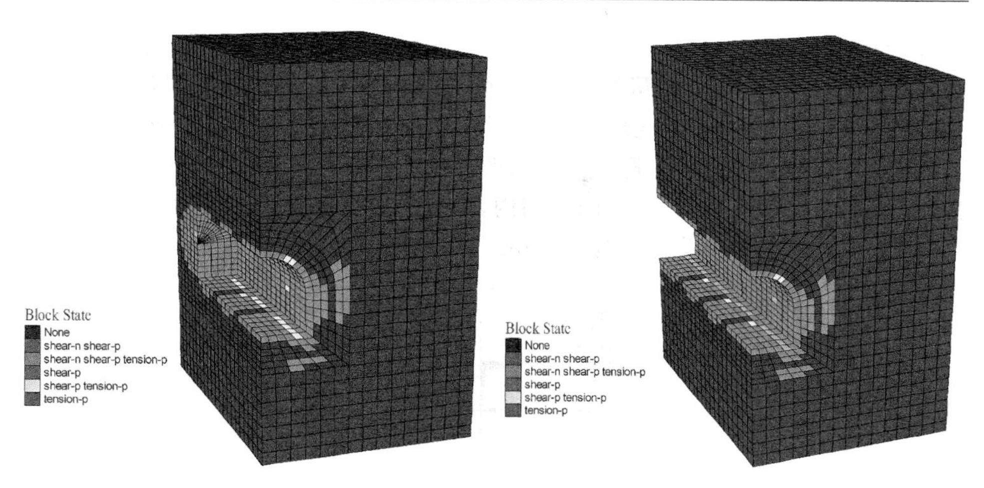

图 6-22 掘进 15 m 时围岩塑性区　　　　图 6-23 掘进 20 m 时围岩塑性区

帮分别设置了三个监测点(图 6-24),记录整个开挖支护过程中围岩位移及孔隙水压力的变化。

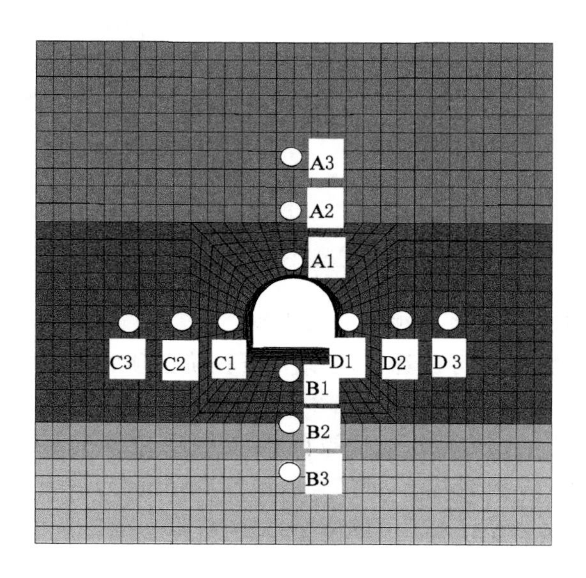

图 6-24 监测点布置示意图

由图 6-25～图 6-28 可以看出,巷道分为四个阶段进行开挖及支护,围岩变形曲线呈四级台阶状逐步增加,第 1 阶段开挖支护为 0～4 000 时步,第 2 阶段开挖支护为 4 000～8 000 时步,第 3 阶段开挖支护为 8 000～10 000 时步,第 4

阶段开挖支护为10 000～12 000时步。顶、底板及帮部围岩的变形较小，顶板最大下沉量仅为9.2 mm，两帮的变形较为对称。在第1开挖支护阶段不论是顶、顶板的变形量还是两帮的变形量，均很小，说明所采用的支护形式效果明显，大大控制了初期的有害变形，避免了围岩强度大幅的降低。在第2、3开挖支护阶段时，变形有所增加，但在可控的范围内，到了第4阶段围岩变形增加幅度小，已趋于稳定，底板最终位移量值为5.7 mm，帮部最终变形量为4.2 mm。

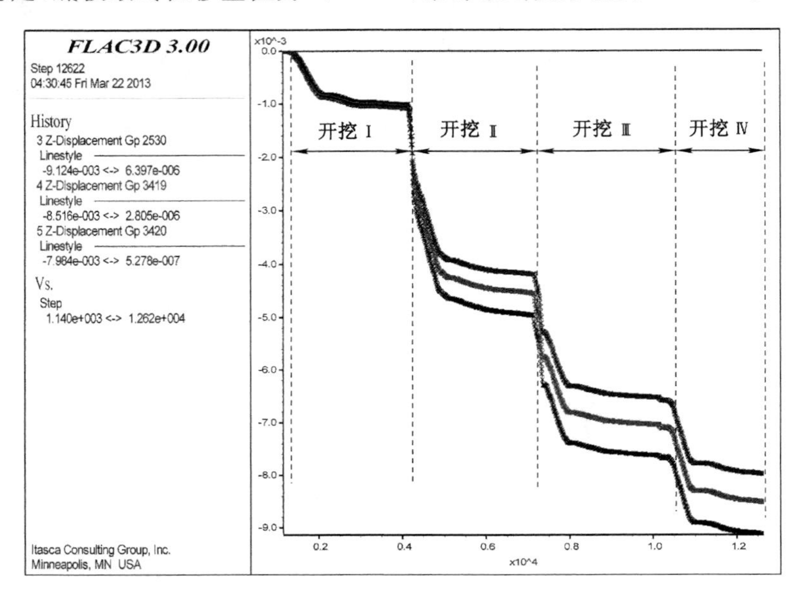

图6-25 顶板位移监测曲线

6.3.2.5 围岩孔隙水压力监测点变化曲线

由图6-29～图6-32可以看出，在第1开挖阶段顶底板及帮部围岩的孔隙水压力均较高，左帮的最大水压力为0.84 MPa左右，这是由于施工扰动而引起应力集中及注浆封堵后围岩渗水通道被截断，也说明注浆止水加固效果明显。随着开挖工作面的进一步推进，支护结构的施加，围岩应力的调整、改善，孔隙水压力在第2、3、4阶段均有较大程度的减小，这就降低了围岩所承受的水压力，有利于巷道的稳定。

综合以上对渗水条件下+550 m水平井底车场砂砾层段的数值计算结果分析认为，采用超前管棚+喷层+U型钢架+滞后注浆的支护形式进行围岩稳定性控制，取得了较好的控制效果，说明所提出的支护对策是可行的、有效的。

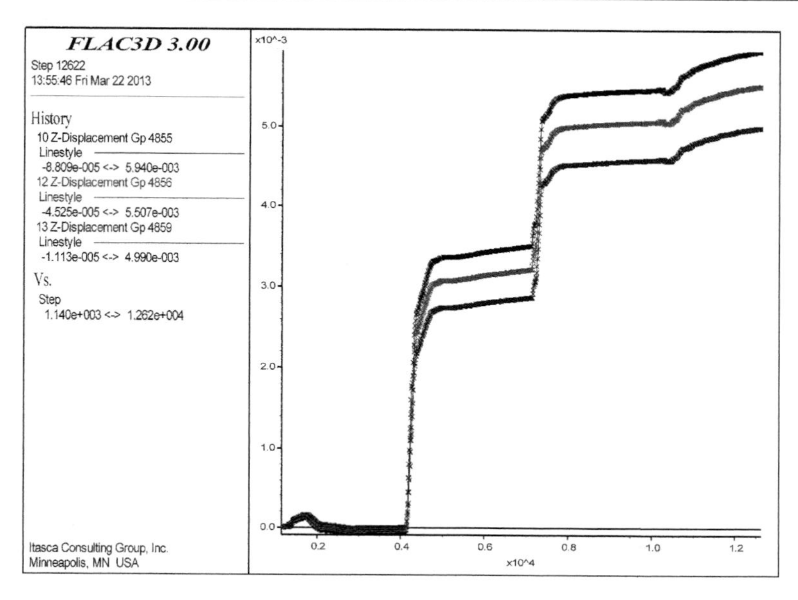

图 6-26　底板位移监测曲线

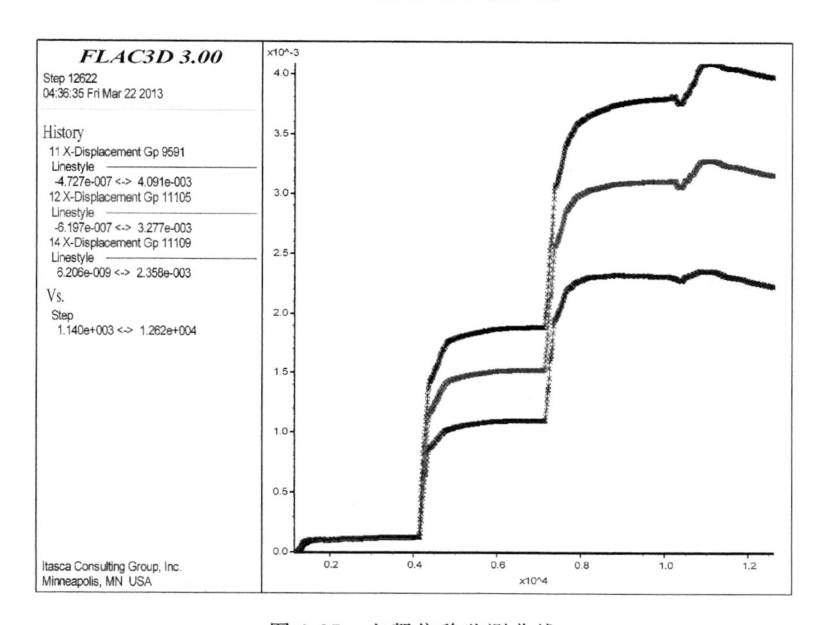

图 6-27　左帮位移监测曲线

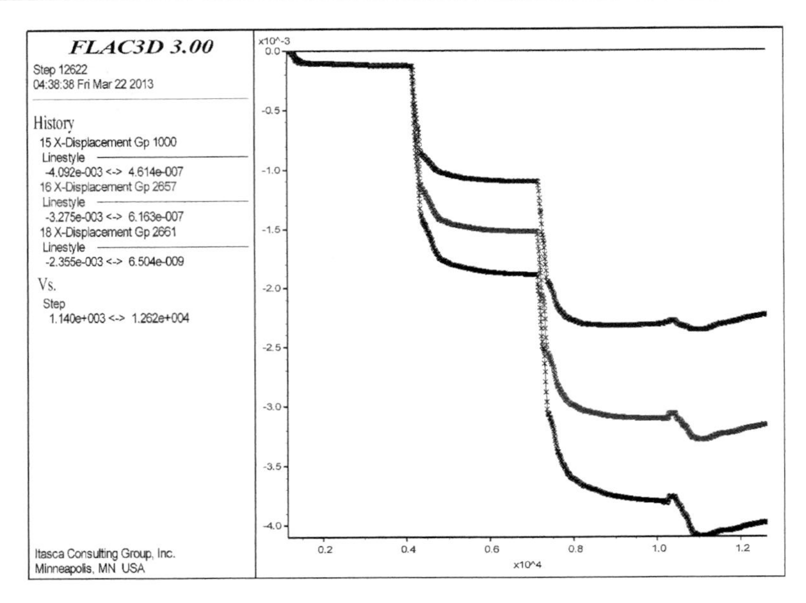

图 6-28　右帮位移监测曲线

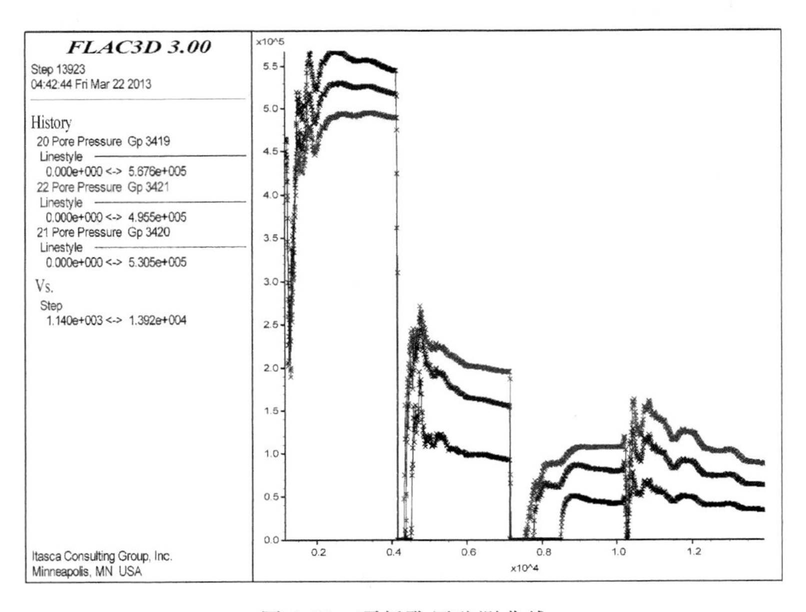

图 6-29　顶板孔压监测曲线

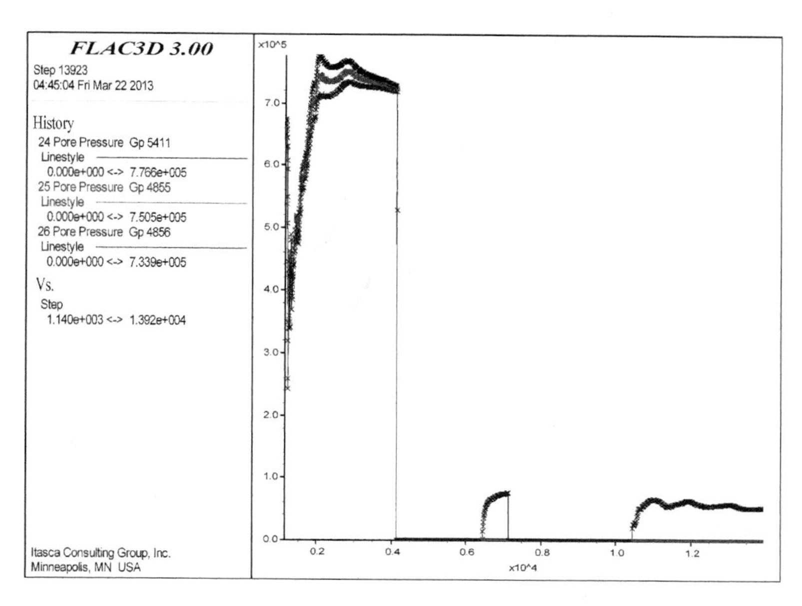

图 6-30 底板孔压监测曲线

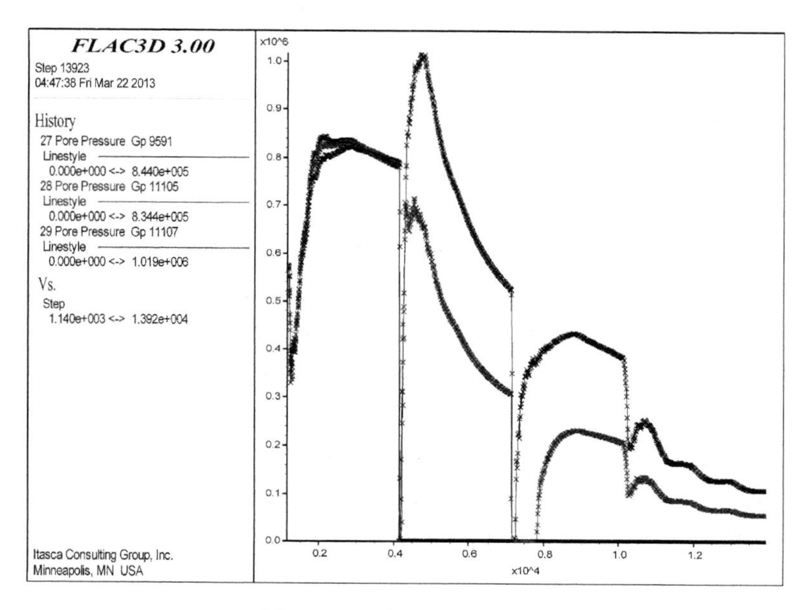

图 6-31 左帮孔压监测曲线

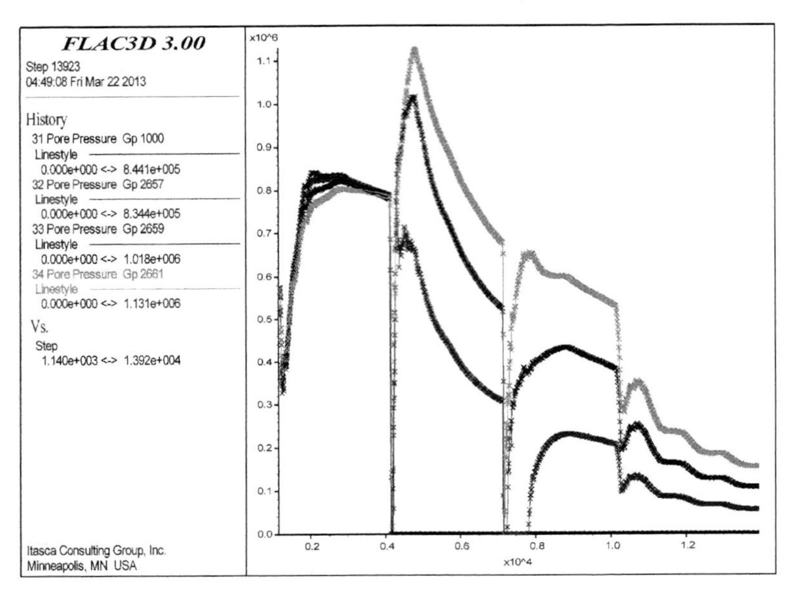

图 6-32　右帮孔压监测曲线

6.4　工程实践

6.4.1　工程背景

6.4.1.1　矿井概况

沙吉海井田东西长 21.5 km，南北宽 1.875～4.5 km，面积 68.26 km^2，煤炭资源储量 18.17 亿 t，煤矿一期规划产能为 500 万 t/a，整体规划为 1 040 万 t/a（500 万 t/a＋300 万 t/a＋240 万 t/a）。井田内出露地层主要为中生界侏罗系三工河组、西山窑组、头屯河组和新生界古近系乌伦古河组以及新生界新近系塔西河组及第四系。地层走向为北东～南西向，倾向南东，侏罗系地层倾角 7°～28°，由东向西由缓变陡。井田内的煤层赋存于中侏罗统西山窑组上、中、下三个含煤段中，煤层平均总厚 33.42 m，煤层自上而下主要有 B13-2、B13-1、B12、B11、B10、B9、B8、B7、B6 等，首采煤层为 B10 煤层，平均厚度为 6.2 m，资源储量为 4.2 亿 t。井田采用两斜井一立井的综合开拓方式（主、副井为反斜井），三个水平开拓，第一水平井底车场位于＋550 m 水平，矿井采用主、副斜井进风，风井回风的中央分列式通风方式。在该区中生界侏罗系含煤地层中有一层性质较特殊的砂砾层，且位于 B13-2 煤层的上部。38 个地质钻孔结果显示砂砾层分布面积占整个煤层顶板的84.5%。砂砾层的厚度分布趋势为由西向东、自上而下变薄，砂砾层的钻孔厚度统计柱状图如图6-33所示。从现场施工实际揭露的情况来看，砂砾岩结构松散、胶结程度差、固结成岩作用低，砾石间的充填物含有一定的膨胀性黏土矿物，抗风化、软化能力差，穿越或赋存砂砾层中的巷道、硐室在掘进期间时有片帮、漏顶、支架压垮等大变形破坏现象的发生，严重威胁着矿山的安全生产，给巷道支护带来了很大的困难。

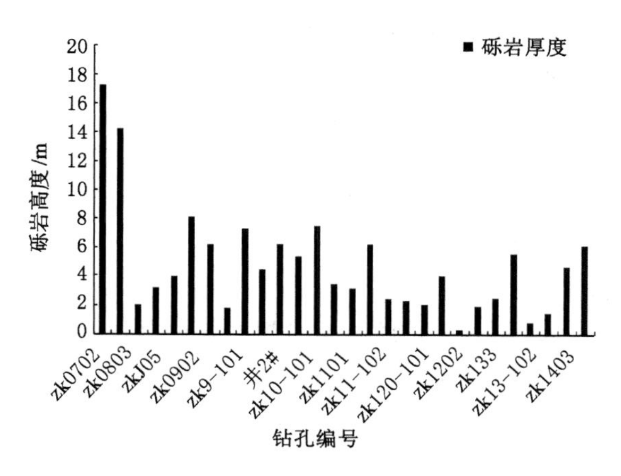

图6-33 砂砾层钻孔厚度统计柱状图

6.4.1.2 地层岩性

(1) 井田地层岩性

井田内出露地层主要由中生界侏罗系三工河组、西山窑组、头屯河组和新生界古近系乌伦古河组以及新生界新近系塔西河组及第四系构成(表6-2)。

表6-2 井田地层一览表

界	系	统	组	段(亚组)	代号	厚度/m
新生界	第四系	全新统			$Q_4{}^{pl}$	
		上更新～全新统			$Q_{3-4}{}^{pl}$	
	新近系	中新统	塔西河组		N_1t	31～339
	古近系	始新～渐新统	乌伦古河组		$E_{2-3}w$	250～500
中生界	侏罗系	中侏罗统	头屯河组		J_2t	50～250
			西山窑组	上含煤段	J_2x^3	45.13～124.79
				中含煤段	J_2x^2	68.94～148.02
				下含煤段	J_2x^1	92.82～153.94
		下侏罗统	三工河组	上亚组	J_1s^b	124～217.31
				下亚组	J_1s^a	126～239.76

区内出露的地层特征叙述如下：

① 三工河组(J_1s)

出露于井田西北角，广泛隐伏于井田，为一套基本不含煤的以湖相为主夹有河流相的碎屑沉积，以黄绿色的粉砂岩夹薄层状细砂岩为典型特征，厚 250～457.07 m，厚度及层位稳定也是其重要特征。根据层位及岩石组合分为上、下两个亚组，下亚组(J_1sa)见有砂砾岩夹层，厚度 126～239.76 m。上亚组(J_1sb)底部见砂砾岩，与下亚组整合接触，厚 124～217.31 m。

② 西山窑组(J_2x)

中侏罗统西山窑组广泛隐伏于井田，为一套以河流相、覆水沼泽相、泥炭沼泽相及湖滨为主的含煤碎屑沉积，地层厚 206.89～426.75 m，平均 308.89 m，控制 0.3 m 以上的煤层 51 层，根据层序、岩石组合、含煤性及植物化石组合进一步划分为上、中、下三个岩性段。

③ 头屯河组(J_2t)

出露于井田中北部，为一套河流、湖泊相的杂色沉积，主要岩性为砾岩、中粗砂岩、细砂岩与泥质粉砂岩、粉砂质泥岩互层，局部夹劣质煤层和菱铁矿薄层。平行不整合与下伏西山窑组之上，厚 50～250 m。

④ 乌伦古河组($E_{2-3}w$)

广泛分布于井田南部，由河流相、湖滨相石英砂岩、中粗砂岩、中-细砂岩、砂质泥岩和泥质粉砂岩互层组成，底部为稳定的砾岩。超覆不整合于头屯河及西山窑组之上，厚度变化较大，最大厚度 500 m。

⑤ 塔西河组(N_1t)

零星分布于井田西部，为一套河流相、山麓相杂色碎屑岩，由砂砾岩、砂质泥岩、泥质砂岩夹钙质砂岩组成，与下伏乌伦古河组不整合接触，常超覆不整合于侏罗系地层之上，厚 31～339 m。

⑥ 第四系

分别由更新统-全新统洪积层和全新统洪积层组成。前者在井田南部广泛分布，由砾石、砂、泥等构成，底部呈半胶结状态，表面被戈壁砾石覆盖；全新统洪积层断续分布在冲沟中，由混杂堆积的砂、砾石和少量黄土构成。

(2) 巷道围岩岩性

本区内巷道围岩岩性多为含水中砂岩、泥质粉砂岩及泥岩，其中钻孔综合柱状图如图 6-34 所示。泥质岩石呈浅灰色，层状构造，层理、片理明显，膨胀性黏土矿物含量较高。泥质粉砂岩为泥质粉砂状结构，薄层-中厚层状构造，层理、节理发育，多泥质。中砂岩富水性较强，强度较低，天然状态下显著低于煤体及泥岩的强度。此外，有不少巷道、大型硐室(如运输石门、+550 m 水平井底车场、永久避难硐室、爆破材料库、煤仓等）穿越或是赋存于砂砾层中。砂砾层胶结性差、结构松散、成岩作用低，砾石分布极为不均，砾石间的泥砂质充填物含有一定的膨胀性黏土矿物，抗风化、水侵蚀能力差，整体强度低。

地层	岩性	柱状图	厚度/m	标高/m	岩性描述
中生界侏罗系 +550 m	泥岩		5.34	+601.27	深灰色，泥质结构，块状构造，具参差状断口遇水膨胀
	细砂岩		24.1	+577.17	细砂状结构，厚层状构造，泥质接触式胶结，较松散
	中砂岩		35.4	+541.77	砂状结构，厚层状构造，碎屑含量90%以上，主要为石英、长石，泥质接触式胶结，层理发育
	粉砂质泥岩		15.6	+526.17	灰色，含粉砂泥质结构，成份：粉砂30%，泥质70%，含少量碳屑，松散遇水膨胀
	中砂岩		17.1	+508.47	砂状结构，厚层状构造，碎屑含量90%以上，主要为石英、长石，泥质接触式胶结，层理发育
	砂砾层		12	+496.47	砾石成分主要为石英，其次为火山岩块，大小以中砾石为主，泥砂质胶结
	B13-2煤		2.2	+474.27	黑色，厚层状构造，以暗煤为主及丝炭，少量高煤
	泥岩		5	+469.27	砂质泥岩，含粉砂质结构，厚层状构造，粗砂30%，泥质70%

图 6-34 钻孔综合柱状图

6.4.1.3 地质构造

（1）区域地质构造

本区大地构造位置属准噶尔弧形构造带弧顶西翼和什托洛盖中新生代坳陷，整体构造形态为复式向斜，区域构造线方向北东-南西向，断裂构造不发育。

① 褶皱

主要的褶皱构造自北而南依次有阿勒格勒特背斜、巴格希向斜(14 号)、巴格希鼻状背斜(15 号)、库伦铁布克向斜(16 号)、库伦铁布克背斜(17 号)、乌森乌兰向斜(21 号)、乌森乌兰背斜(25 号)等,褶皱构造的一致特征是较平缓开阔。其中控制井田地层及西山窑组煤层的主要褶皱构造为库伦铁布克背斜(17 号)。该背斜基本沿 60°方向横贯井田北部,背斜轴在平面上呈波状弯曲,长 18.5 km,宽4～7 km,背斜背翼倾角 30°～65°,南翼倾角 7°～20°,为一北陡南缓的不对称背斜。背斜以 03 线东 500 m 为核心,向 60°～240°方向倾伏。背斜核部地层为三工河组,两翼及倾伏端地层依次为西山窑组、头屯河组、乌伦古河组。背斜北翼西端(01～07 线)地层受 F4 逆断层破坏,而缺失西山窑组中含煤段及其以上地层,11 线以东背斜受 F5～F9 大小不等的正断层影响,造成背斜轴部和北翼的地层呈阶梯状抬升,使得部分地层和煤层多次重复出现。

② 断裂

沿阿勒格勒特山南、北两侧山前发育规模较小的浅成断裂构造,其中井田以北的断裂特点是:逆断层多与区域地层褶皱轴线近于平行,正断层多与褶皱轴线斜交,区内由北向南、由西向东共发育大小不等 9 条断裂,为 F1～F9。其中F6～F9 四条断层性质和特征基本一致,主要分布于库伦铁布克背斜东部,呈一组北东向斜列的正断层,断距由南西到北东,由小到大,斜切并破坏背斜构造,使库伦铁布克背斜轴部两侧及北翼地层由西向东呈阶梯状抬升,造成西山窑组中含煤段地层和煤层呈断块状多次重复出现,并使下含煤段地层和 B7、B6 煤层在东部再次出露地表。

(2) 井田地质构造

井田位于和什托洛盖中新生代坳陷盆地中部至东部,和什托洛盖复式向斜的北翼,库伦铁布克背斜的南翼。岩层呈单斜状态产出,地层走向为北东-南西向,倾向南东,侏罗系地层倾角 7°～28°,由东向西由缓变陡。井田断裂构造简单,断裂不发育,井田赋存两个孤立断点、解释断层 3 条:2 号(B 级)断点:正断层,位于 11 线南部,倾角 66°,落差 50 m;3 号(A 级)断点:正断层,位于 14 线南端与勘探边界交点处,倾角 63°,落差 30 m。

全区共解释断层 3 条(表 6-3),其中正断层 2 条,逆断层 1 条。F1 断层为逆断层,位于井田西南部 8 线 ZK8-102 号孔北约 170 m,走向北北东,倾向北北西,倾角 45°～55°,落差 0～50 m,区内延展长度 2 480 m;F2 断层为正断层,位于井田中部,11 线 ZK1102 号孔南约 30 m,走向北东,倾向北西,倾角 60°～65°,落差 0～16 m,区内延展长度 790 m;F3 断层为正断层,位于 11 线中部,ZK113 号孔北约 80 m,走向北东,倾向南东,倾角 60°～65°,落差 0～18 m,区内延展长度 800 m,井田构造属简单类型。

表 6-3 沙吉海井田主要断层情况

名称	性质	产状				对掘进的影响
		走向	倾向	倾角	落差/m	
F1	逆断层	北北东	北北西	45°～55°	0～50 m	有一定影响
F2	正断层	北东	北西	60°～65°	0～16 m	有一定影响
F3	正断层	北东	南东	60°～65°	0～18 m	有一定影响

6.4.1.4 水文条件

(1) 区域水文地质概况

地下水受地形、气象、水文、地层构造诸多因素的制约,各地层储水条件亦各不相同,根据地层单元岩性段及水点调查资料和钻孔简易水文地质观测资料来划分区域含(隔)水组。

① 第四系松散岩类孔隙含水组

全新统洪积孔隙潜水呈条带状分布于库伦铁布克大沟和阿勒泰地方煤矿附近冲沟中,近南北向延伸,由砾石、砾卵石、砂及黏土组成,厚度 0.5～7 m,出水量受季节影响,最大可达 200 m^3/d。

② 基岩裂隙含水组

二叠系地层分布于阿尔泰地方煤矿的东北角,由含砾的细斑岩、石英纳长斑岩组成,厚度 648 m。泥盆系地层分布于地方煤矿的西北角,由砾岩、含砾粗砂岩、钙质砂岩组成,厚度 501 m,单泉流量 1.21～86.4 m^3/d。

③ 碎屑岩类裂隙孔隙含水组

A. 侏罗系八道湾组弱含水层,分布于巴格希鼻状背斜的梯部,该层以泥质类岩石为主,加有粗砂岩及砾岩。地层孔隙裂隙不发育,为弱含水层。

B. 侏罗系西山窑组裂隙孔隙含水层(段)。

C. 侏罗系头屯河组裂隙孔隙含水层(段)。

D. 古近系乌伦古河组裂隙孔隙含水层(段)。

在区域的中北部、南部大面积出露,为一套湖相沉积。岩性以紫红色、灰白色、杂色石英砂岩、中粗粒砂岩、细砂岩、砂质泥岩、砂质粉砂岩为主,厚度大于 500 m。区内没有地下水露头,但具备储水条件,为弱含水层。

④ 非含水组

A. 第四系更新统-全新统洪积透水不含水层

呈片状大面积分布于区域西北、西南部。由砾石、砂及亚砂土组成,透水性能良好。因所处位置较高,不具备储水条件,为透水不含水层。

B. 新近系塔西河组相对隔水层

主要分布于区域中南部，为一套河流相、山麓相杂色碎屑岩，由砂砾岩、砂质泥岩、泥质砂岩夹钙质砂岩组成，与下伏乌伦古河组不整合接触，常超覆不整合于侏罗系地层之上，厚 31～339 m。据其岩性组合特征定为相对隔水层。

C. 侏罗系三工河组相对隔水层

分布于库伦铁布克背斜及巴格希鼻状背斜的轴部及区域北部。主要由粉砂岩、泥岩、细砂岩夹钙质粉砂岩等细颗粒岩石和少量煤线组成，厚度 460 m。该组岩层多为泥质类岩石，储水性能差，透水性弱，可视为相对隔水层。

(2) 井田水文地质条件

本井田内的主要含水层为头屯河组、西山窑组砂岩层，随着该含水层揭露面积的增加，矿井涌水逐渐增大，目前矿井涌水量为 300 m^3/h。头屯河组厚度 50～250 m，砂岩为主，局部为粉砂质泥岩，沿岩层倾向，北向逐渐变薄，南向逐渐增厚；西山窑组厚度 289～452 m，主要为各煤层间的砂岩含水，厚度不等。砂岩含水层性质为孔隙水，矿井一、二期工程均位于头屯河组含水层中。

① 井田内的六个含(隔)水层

A. 第四系更新统-全新统洪积透水不含水层，主要分布于井田南部的冲沟中，由第四系更新统-全新统洪积的砾石、砂、亚砂土组成，为松散堆积。据 ZK0502、ZK0701、ZK0702 及 ZK0703 孔的情况，厚度 2.84～14.98 m。由于分布位置较高，或所处的位置不具储水条件，为透水不含水层。

B. 第四系全新统洪积孔隙潜水含水层，呈条带状分布于库伦铁布克大沟(井田西南)和阿勒泰地方煤矿四号井附近冲沟中，近南北向延伸，由砾石、砾卵石、砂及黏土组成，厚度 0.5～7.0 m，出水量受季节影响，最大可达 200 m^3/d。

C. 古近系乌伦古河组裂隙孔隙弱含水段，大面积出露于井田南部，为一套河流相、湖滨相的碎屑沉积。乌伦古河组在井田出露位置由东向西逐渐降低，岩性颗粒较粗，部分大气降水入渗补给后，形成裂隙孔隙弱含水段。

D. 中侏罗统头屯河组裂隙孔隙弱含水段，位于井田北部，呈条带状大面积出露，贯穿全区。为河流相、湖泊相碎屑沉积，岩石粒度由东向西逐渐变细，结构松散，胶结较差，缺乏水源补给，定为裂隙孔隙弱含水层。

E. 中侏罗统西山窑组裂隙孔隙弱含水段，主要出露于井田以北，呈条带状展布，仅在井田的西北部见有岩层露头。以湖沼相碎屑沉积。含水层的建造为细砾岩、含砾粗砂岩、中砂岩，粒度由上至下逐渐变细，上部结构松散，下部较致密。

F. 烧变岩裂隙透水不含水层。

② 地下水与地表水及各含水层之间的水力联系

井田内无常年性的地表水流，亦无泉点出露。井田内地下水的补给主要源于大气降水、雪融水。进入春季融雪期或夏天的雨季，雪融水或阵雨、暴雨易在地表形成暂时性地表水流，在顺地形坡度或冲沟向下游排泄的同时，可通过地表风化、构造裂隙和火烧层等入渗补给地下水。由于暂时性地表水流具有时间短、速度快的特点，对地下水的补给主要表现在瞬间补给，其补给量较少，故地表水与地下水的水力联系不甚密切。

主要接受大气降水、雪融水补给而形成的侏罗系西山窑组孔隙裂隙含水层，由于此层处于三工河组地层之下，区域上此层为相对隔水层，它有效地隔阻了从区域北部运移而来的基岩裂隙水，这样使得本来接受补给有限且富水性较弱的西山窑组地层与井田内的其他含水层之间的水力联系不密切。

③ 地下水的补给、径流、排泄条件

井田基岩裸露，大气降水可直接通过地表风化裂隙、孔隙补给地下水。区内地形坡度较缓，井田气候干燥，蒸发强烈，大气降水少而集中，地层坡度及岩层倾角较缓，洪水顺冲沟流向下游区域时，仅有小部分补给地下水。再加之西山窑组赋煤地层上部为整合接触的相对隔水的三工河组地层，井田以北的基岩裂隙水进入不到井田之内，区域上的构造线的方向与地层走向一致，构造裂隙水对井田地下水的形成不利。因此，井田的地形、地貌、构造、自然条件以及水文地质条件对地下水的形成不利。地下水沿水力坡度顺势向下游或向深部运移是地下水的排泄方式之一。

6.4.2　松软富水砂砾层巷道围岩支护方案设计

6.4.2.1　概述

新疆沙吉海煤矿运输石门穿越砂砾层段长度约为 50 m，埋深 320 m，与 +550 m水平井底煤仓上部带式输送机卸载硐室相接，附近布置有石门 1# 联络巷、带式输送机驱动电动机硐室等。巷道断面形状为直墙半圆拱形，净宽 4 800 mm，净高 4 000 m，墙高 1 600 mm，拱高 2 400 mm。砂砾层倾角 11°～13°，厚度 12 m，胶结性差、整体强度低、成岩作用差，砾石分布极为不均，砾石间为泥砂质胶结，水稳定性差。砂砾层上覆强富水性中砂岩含水层，含水层累计厚度一般为 40～50 m，巷道在掘进过程中，工作面涌水量大，可达 25 m^3/h，严重影响施工及巷道的稳定性。砂砾层底板为 2.2 m 的煤，以下为 5 m 砂质泥岩，层理、片理明显，遇水易软化崩解。

巷道原支护采用 U25 型钢架＋喷混凝土进行支护，由于围岩松散、整体性差，并且淋水较大，巷道施工过程中出现冒顶、片帮、支架严重变形等现象，对现场施工人员及设备造成严重的威胁。在对该区典型的砂砾层巷道围岩物理力学性质、工程性质进行测试的基础上，通过对砂砾层巷道围岩的破坏机理、破坏原因及稳定性控制原则的综合分析，依据支护理论并通过综合论证，结合工程实际，提出采用管棚超前支护-U型钢架临时支护-围岩注浆永久支护的支护方案。

6.4.2.2 支护方案设计

(1) 支护方式：超前小管棚＋U型钢架＋喷混凝土＋围岩注浆。

(2) 设计断面形状：直墙半圆拱形。

(3) 支护材料及参数如下：

① 超前管棚

超前钢管的长度为 3 000 mm、直径为 32 mm，间距为300 mm，布置于距巷道轮廓线 200 mm 处，外露的长度为 200～400 mm，并用 14 号铁丝双股捆绑在邻近的 U 型钢架上。超前管棚的断面布置如图 6-35 所示。

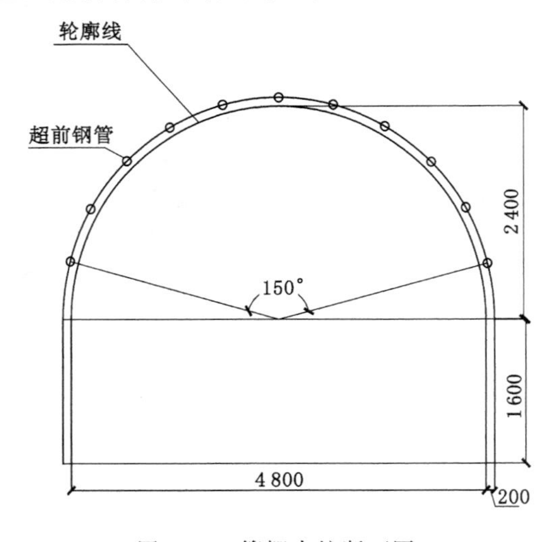

图 6-35 管棚支护断面图

② 喷层

喷射混凝土强度等级为 C20，内掺防水剂，初喷厚度为 50 mm，复喷覆盖至 U 型钢架表面。

③ 钢架

临时支护采用 29 U 型钢架，间距为 800 mm，U 型钢架之间采用刚性连接，用 7 道 8# 槽钢和 U 型卡连接，槽钢长 1 100 mm。U 型钢架与岩面之间的空隙采用木背板背实，木背板规格为 1 400 mm×100 mm×50 mm，背板间距为 500 mm。U 型钢架临时支护的断面支护如图 6-36 所示。

④ 注浆材料

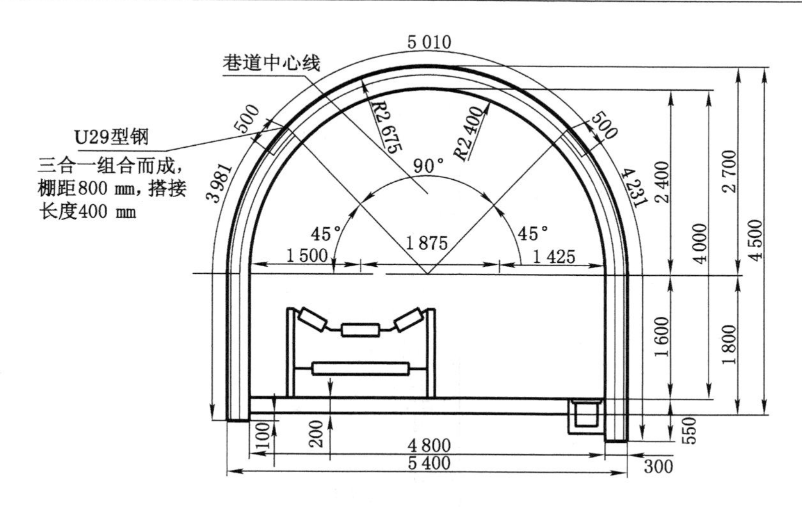

图 6-36 U 型钢架支护断面图

注浆材料及配比的确定是注浆加固中一个重要的环节。浆液的凝结时间、稳定性、力学性能等都是决定巷道注浆效果的重要因素。根据前期完成的注浆材料浆液配比室内试验研究及砂砾层的可注性分析,确定采用水泥-水玻璃双液浆进行压注。水泥为 P. O 42.5 普通硅酸盐水泥,另可加入 0.05%三乙醇胺和 0.5%食盐作速凝早强剂。水玻璃的模数在 2.4～3.4 之间,浓度范围为 35～40 °Bé(使用时加水稀释至浓度 15 °Bé)。水灰比为 0.8,体积比(水泥浆的体积:水玻璃的体积)为 1∶1。

⑤ 注浆孔的布置

巷道注浆段的所在位置如图 6-37 所示,注浆孔的断面布置如图 6-38 所示。注浆孔的间排距为 1 m×2 m,孔径 ϕ46 mm。由于注浆孔的深度应穿过围岩破碎区进入塑性区内,结合巷道现场测试的松动圈厚度(1.2～1.6 m)及砂砾层中的钻孔效率,确定注浆孔深度为 2 m。

⑥ 注浆参数

A. 注浆扩散半径

应用岩层中浆液扩散半径的经验公式:

$$R=\sqrt{\frac{2Kt\ \sqrt{hr}}{\beta n}} \tag{6-1}$$

式中 R——浆液扩散半径,cm;

K——地层渗透系数,cm/s;

t——注浆时间,s;

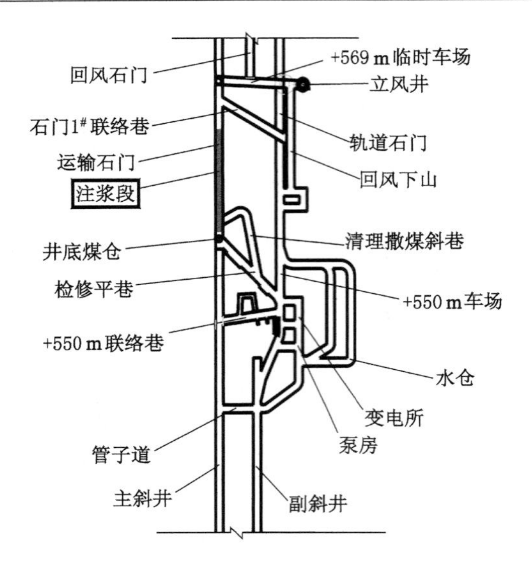

图 6-37　注浆段位置示意图

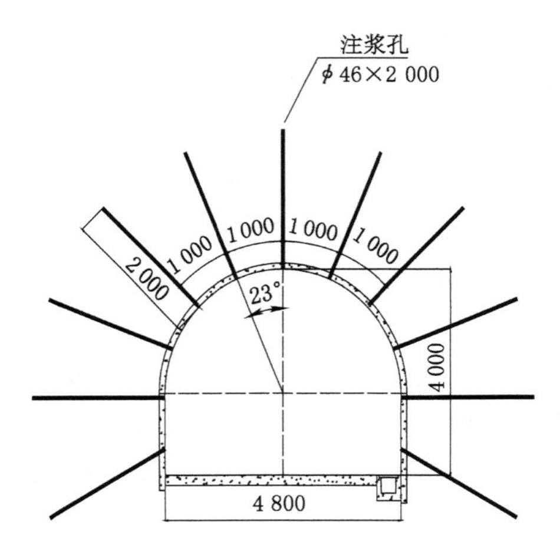

图 6-38　注浆孔断面布置示意图

h——注浆压力水头，cm；

r——注浆管半径，cm；

β——浆液黏度对水的黏度比；

n——地层孔隙率。

由经验公式估算出的浆液扩散半径为 1 m。

B. 单孔注浆量

单孔浆液压入量的理论计算公式为：

$$Q = \lambda \pi R L n \beta \tag{6-2}$$

式中　Q——单孔浆液压入量，m^3；

R——浆液扩散半径，m；

L——注浆段长度，m；

β——浆液在裂隙内的有效填充系数，0.3～0.9；

n——体积裂隙率，一般取1%～10%；

λ——损失系数，取1.1～1.5。

则每个注浆孔的理论注浆量为 $Q=1.3\times3.14\times1\times3\times0.05\times0.4=0.245\ m^3=245\ L$，实际注浆量应以现场注浆试验为准。

C. 注浆压力

注浆压力不能过大也不能过小，压力过小则浆液难扩散，压力过大则可能引起浆脉劈裂围岩进而造成巷道表面冒顶、片帮或漏浆、跑浆等。根据以往工程经验，初始注浆压力为1 MPa，最大注浆压力为3 MPa。

6.4.3　松软富水砂砾层巷道围岩控制施工过程设计

在确定了具体的支护方案及支护参数后，结合现场施工的条件，对巷道围岩控制的施工过程进行设计。考虑到尚无渗流作用下中生代厚砂砾层巷道围岩控制的经验可借鉴与参考，实际施工中应遵循安全第一、短掘短支、及时支护、加强观测的原则。支护施工过程可概括为：按设计打超前管棚孔→安装固定超前管棚→按设计断面掘进成型→初喷混凝土50 mm封闭→架设U型钢架临时支护→变形监测→打注浆孔→试泵→制浆→注浆→封孔→浇筑底板→复喷混凝土至钢架表面。

施工过程中，部分步序可根据现场施工条件采用平行作业方式，以加快施工进度。

各环节的具体施工过程如下：

(1) 打超前管棚孔

采用 ϕ32 mm金刚石合金球齿钻头配YT29凿岩机钻超前钢管孔，钻孔时要严格按设计的孔位、孔深打设。

(2) 安设超前管棚

沿巷道拱部开挖轮廓线安装超前钢管，间距为300 mm，与临近的管棚、钢架采用14号铁丝捆绑。

(3) 按设计断面掘进成型

采用台阶法掘进施工，严格遵守短掘短支的原则，开挖循环进尺为1～

1.2 m，巷道周边成形基本平整、圆顺，符合设计轮廓要求。严格限制超挖量，超挖部分挂网前用混凝土喷平。

(4) 初喷混凝土

严格控制顶板的裸露时间。由于围岩的水稳定性较差，巷道打开后，要求顶板暴露 24 h 以内喷浆封闭。

(5) 临时支护

初喷封闭后，在超前管棚支护的掩护下及时进行临时支护架设 U 型钢架，施工流程为：架棚梁→铺背板→刚性连接→挖腿窝→栽棚腿→刚性连接→铺帮部背板。

(6) 变形监测

按矿压监测设计要求布设巷道变形监测断面，进行变形动态监测。

(7) 围岩注浆

巷道围岩双液注浆的施工工艺流程图如图 6-39 所示，主要包括以下 7 个步骤：

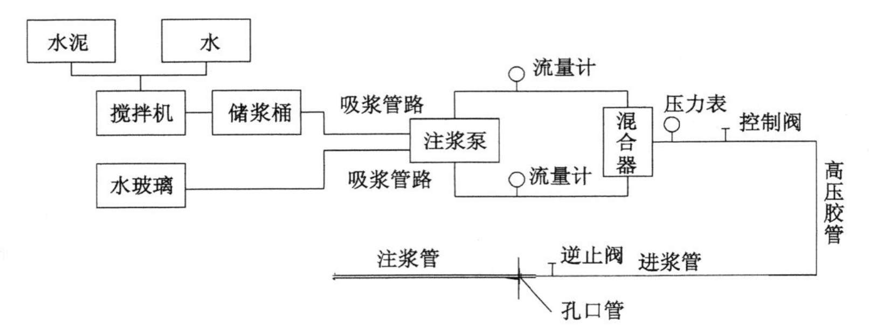

图 6-39 水泥-水玻璃双液压力注浆工艺流程图

① 打注浆孔

采用 YT29 凿岩机配 ϕ42 mm 的金刚石合金球齿钻头进行钻孔，孔深为 2 m，孔的定位误差应小于±10 cm。待前一个注浆孔注浆即将结束时，再钻下一个注浆孔，以防止出现跑浆和串浆现象。

② 连接注浆管路

安设注浆管、孔口管、混合器等设备。

③ 调试注浆泵

用清水试注浆泵及注浆管路、搅拌桶，确保注浆系统运行良好。

④ 配制浆液

按照设计的浆液配比方案进行浆液配制，并搅拌均匀，搅拌时间为 5～

10 min，注浆时不停地搅拌。注浆过程中不允许交换水泥浆和水玻璃浆液的管路。

⑤ 注浆

采用 ZTGZ-60/210 注浆泵注浆。初始注浆压力为 1 MPa，保持初压压注一段时间（2～3 min）并记录下浆液压入量。压注过程中注意注浆压力的变化，及时开、停注浆泵，以免发生堵塞、崩管现象。注浆压力达到终压 3 MPa 时稳定一段时间，随时观察注浆量及扩散距离，满足实际的单孔加固范围及计算注浆量时应停止注浆，并记录下相关注浆参数。

在注浆施工中应注意的事项主要有：

a. 注浆时必须注意注浆压力和吸浆量的变化情况，及时进行相应的调整，每注 1 m^3 或 5 min 记录一次泵压和泵量。

b. 注浆完毕后观察注浆效果，若效果较差的个别孔位，则进行复注起到补注和加固作用，这样易于保证施工质量。

c. 注浆过程中，施工人员应距离注浆孔 1 m 之外，防止孔口抛浆伤人。

⑥ 封孔

每孔注浆结束后，调节双液的比例进行封孔。

⑦ 清洗

为防止残留浆液在管路中凝结堵塞，关泵停止注浆前要压清水 0.5～1 min 冲洗管路、注浆泵等。

(8) 挖底及浇底

围岩注浆施工结束后，按设计要求挖底及浇筑底板混凝土至设计厚度，浇筑混凝土中加入适量的早凝剂。

(9) 复喷混凝土

根据矿压监测结果，复喷混凝土至钢架外表面。

(10) 设置长期变形监测测点（略）

6.4.4 巷道围岩现场注浆试验

为了了解现场巷道围岩的被注入能力及按设计配比方案所配制浆液的可注入性质，为下一步的巷道围岩支护施工全面开展做好准备工作，在运输石门砂砾层段共打设 11 个注浆孔，采用 C-S 双液浆进行了加压注浆。各个注浆孔的孔深、压力、水泥-水玻璃消耗量及压注时间等试验结果见表 6-4。

表 6-4 各试验孔的注浆参数

孔号	钻孔深度/m	注浆压力/MPa	水泥/kg	水灰比	水玻璃/kg	时间/min
1	1.8	2	1 540	0.8	1 120	110

表 6-4(续)

孔号	钻孔深度/m	注浆压力/MPa	水泥/kg	水灰比	水玻璃/kg	时间/min
2	1.9	1.8	1 430	0.8	1 030	110
3	1.9	1.8	1 350	0.8	950	100
4	2	2	1 250	0.8	840	90
5	2	1.9	1 120	0.8	720	90
6	1.8	1.9	1 280	0.8	860	90
7	1.9	2	1 050	0.8	720	80
8	1.9	2	1 020	0.8	740	80
9	1.8	1.9	2 560	0.8	1 405	95
10	1.9	1.9	2 670	0.8	1 300	98
11	1.8	1.8	2 538	0.8	1 259	95
合计	20.7	—	17 808	—	10 944	1 038

由于影响地层可注性的因素较多，不仅与地层的孔隙率、渗透系数有关，也与注浆材料的颗粒大小、浆液流动性等参数有关，单采用透水率、可注比等指标进行评价是不全面的，所得结果会有所偏差。而采用现场钻孔注浆试验是一种较为直接、可操作性强的测试地层可注性的方法。由表 6-4 可以看出，在所压注的 11 个注浆孔中，注浆压力为 1.8～2 MPa，注浆时间为 80～110 min，累计钻孔深度 20.7 m，消耗水泥 17.8 t，水玻璃 10.9 t，可说明地层具备较好的可注性，为支护方案的实施创造了条件。

6.4.5 变形观测及效果分析

(1) 测站布置

为了检查＋500 m 水平运输石门砂砾层段巷道围岩控制所采用支护形式、支护参数及施工工艺的合理性及科学性，对支护结构的工作状态进行动态监测，在对监测数据进行整理和分析的基础上，对巷道围岩的变形趋势做出预测，及早查出存在的安全隐患，确保施工安全和巷道的正常使用，同时，依据围岩变形监测结果及现场调查对目前的支护形式、支护参数的合理性做出判断，及时反馈与调整支护参数，保证巷道围岩的稳定，在＋550 m 水平运输石门约长 50 m 的砂砾层段布设 4 组表面位移测站，测站的间距为 15 m，测站的布置如图 6-40 所示。

(2) 测点布设

巷道围岩变形观测的测点布设采用十字布点法，如图 6-41 所示，在巷道的拱顶、两帮和底板分别布置位移测点，并做好标记及测点编号。在现场观测时，

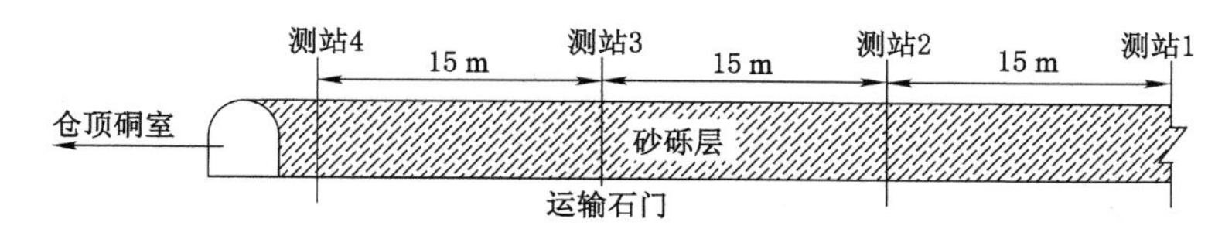

图 6-40　+550 m 水平运输石门砂砾段测站布置图

量测 BD、AO 及 DO 的距离值填入变形日常观测表，测量精度 1 mm，并计算出各测点的累积位移值。

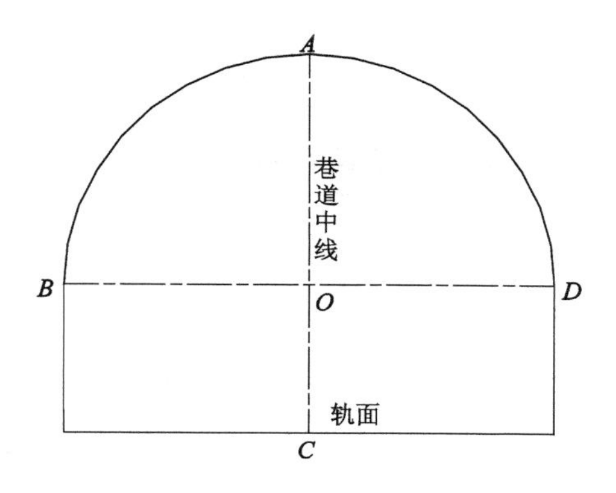

图 6-41　测点布设示意图

（3）观测结果分析

对设置的 4 组测站进行了近 2 个月的巷道变形观测，整理围岩变形观测结果，得到 4 组表面位移-时间关系曲线，如图 6-42～图 6-45 所示，其中各测站的最大变形量见表 6-5。

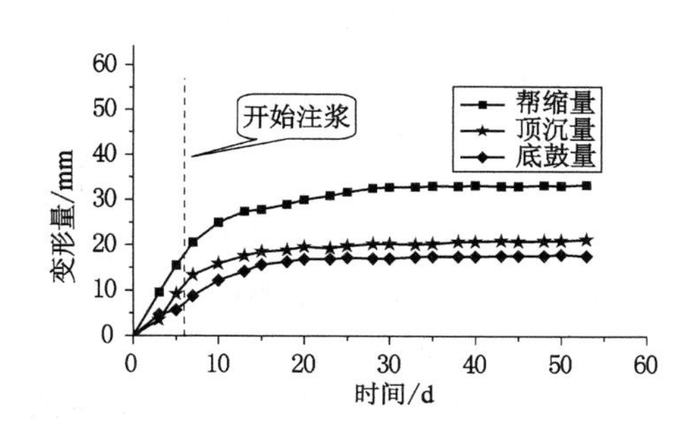

图 6-42　1# 测站位移-时间关系曲线

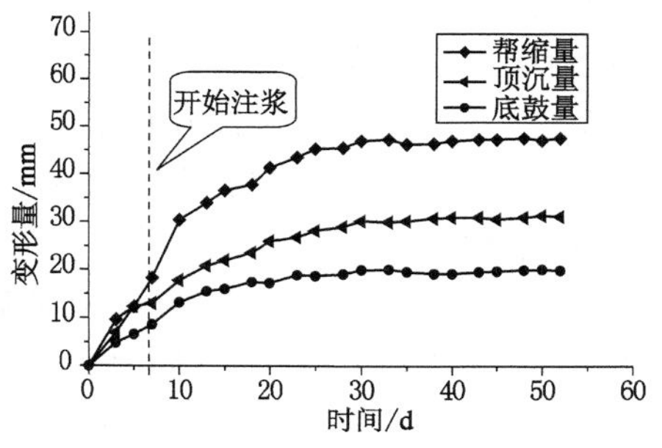

图 6-43　2# 测站位移-时间关系曲线

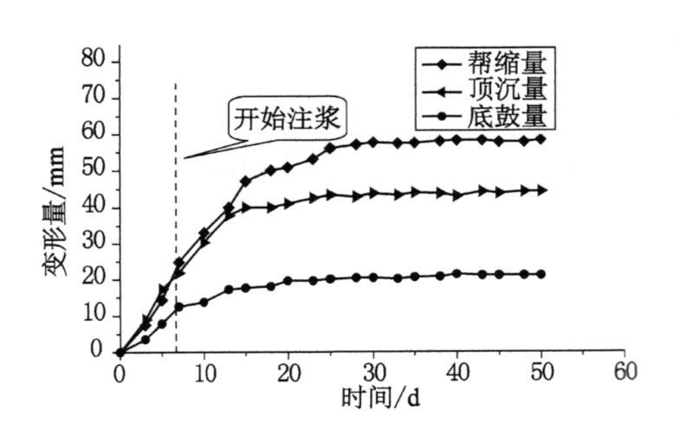

图 6-44　3# 测站位移-时间关系曲线

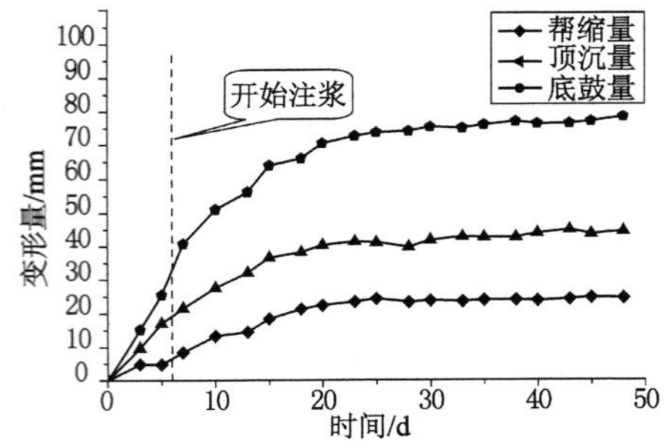

图 6-45　4# 测站位移-时间关系曲线

表 6-5　围岩最大变形量值汇总表

测站编号	最大顶沉量/mm	最大帮缩量/mm	最大底鼓量/mm
1#	19	32	17
2#	29	50	16
3#	40	56	17
4#	42	78	21

由图 6-42～图 6-45 及表 6-5 可以看出，巷道实施支护后围岩收敛变形得到了有效控制，说明巷道的支护状况良好，最大两帮收缩量为 78 mm，最大底鼓量为 21 mm，最大顶沉量为 42 mm，在允许的变形范围内。从四个测站的监测曲线变化情况来看，巷道围岩变形可分为三个阶段：① 由于巷道开挖卸荷能量释放及施工扰动，围压较大，在实施超前管棚预支护及 U 型钢架临时支护后的 6～9 d 内为围岩变形剧烈阶段，期间产生的变形量约占总变形量的 75%以上；② 在对围岩进行滞后加压注浆后的第 9～19 d 内，围岩变形增加幅度明显减缓，这是由于对围岩实施注浆止水、加固后，提高了围岩的自身强度，浅部碎裂岩体间的空隙得到充填胶结，围岩整体性增加，松动圈的发展得到限制，同时，注浆起到了堵水的作用，大大降低了上覆含水层中水向下渗流对围岩的不利影响，围岩变形的速率逐渐衰减；③ 复喷支护后的 20～52 d 内，围岩变形趋于稳定，无明显变化，巷道围岩移动逐渐稳定，从而实现了巷道安全及正常使用。

从上述曲线还可以看出，底鼓量很小，帮缩量显著大于底鼓量；采用超前预支护＋临时支护＋永久支护的层次支护技术后，性质较差的砂砾层巷道顶板下沉量得到了有效控制。4# 测站的顶沉及帮缩量明显大于其他测站的变形，主要是因为 4# 测站距特大断面仓顶硐室、井底煤仓、检修平巷等立体交叉巷道的距离较近，受开挖扰动应力场的影响大，从而造成变形量有所增加。

（4）现场支护效果

通过对新疆沙吉海矿中生代典型砂砾层巷道围岩的破坏机理、破坏原因分析，确定巷道围岩控制的原则，结合工程实际，提出了超前小管棚预支护＋喷混凝土＋U型钢架＋滞后注浆的支护对策。并以＋550 m水平运输石门砂砾层段为工程背景，进行了支护方案及施工过程的设计。现场工业试验及围岩变形监测结果说明了该支护方案的合理性和有效性，从支护施工后的现场支护效果图（图6-46）也验证了该支护方案的可行性及有效性。

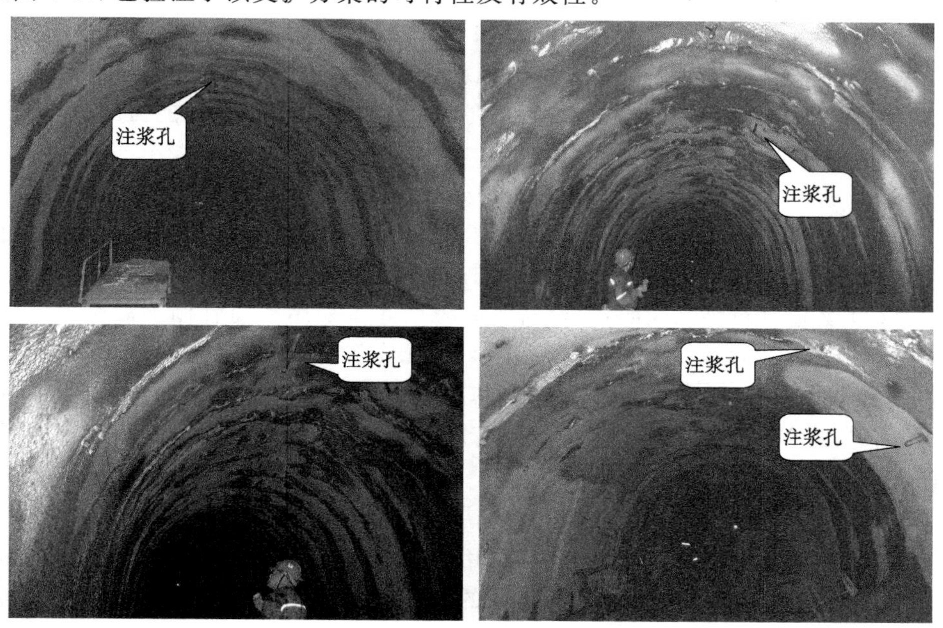

图6-46　运输石门砂砾层段支护效果图

综上所述，基于对沙吉海矿中生代典型砂砾层巷道围岩的破坏机理、稳定性影响因素较为深入的分析，有针对性地提出了围岩稳定性控制原则及相应的支护对策，并应用于＋550 m水平运输石门砂砾层段的围岩控制。现场长期的围岩位移观测及支护效果分析结果表明：该支护形式、支护参数是合理、可靠的，保证了砂砾层巷道围岩的稳定，实现了＋550 m水平运输石门的安全施工及井底煤仓重要输送通道的正常使用，为矿井的安全建设和正常生产提供了有利条件。

6.5 小结

在对新疆沙吉海矿区中生代典型松软富水砂砾层巷道围岩的破坏机理、稳定性影响因素深入分析的基础上，确定了巷道围岩控制的基本原则，有针对性地提出了超前小管棚预支护＋喷混凝土＋U型钢架＋滞后注浆的支护对策，借助三维有限差分数值计算程序对砂砾层巷道围岩的控制效果进行了模拟。以＋550 m水平运输石门砂砾层段为工程背景，进行了支护方案及施工过程的设计，并成功应用于现场。主要成果及结论如下：

（1）基于对中生代砂砾层巷道流固耦合作用的变形破坏机理分析，形成了“防治水原则、短掘短支原则、及时封闭原则、充分利用围岩自承能力原则、耦合支护原则、加强监测与反馈设计原则”的围岩稳定性控制原则。

（2）提出了管棚超前支护＋U型钢架临时支护＋围岩注浆永久支护的层次支护对策，可概括为：及时超前主动支护、防止围岩过大变形、注浆消除水的弱化作用、主动加固围岩、控制合理松动范围。

（3）数值计算结果表明：松软富水砂砾层巷道采用超前管棚＋混凝土喷层＋U型钢支架＋注浆支护后的围岩变形，比无支护的水平变形及竖向变形分别减小了94％与87％，说明了支护结构的控制作用是显著的。巷道顶板、帮部及顶角部位的应力集中程度较无支护时有较大程度的降低，塑性区面积也得到了有效控制，最大影响深度约为2 m。

（4）以＋550 m水平运输石门砂砾层段为工程背景，进行了现场工业试验。围岩位移观测及支护效果分析表明：采用的支护形式、支护参数是合理、可靠的，保证了砂砾层巷道围岩的稳定，为矿井的安全建设和正常生产提供了有利条件。

参考文献

[1] 孙礼文.东北地区南部中生代含煤地层及其特征[J].东北煤炭技术,1995(3):19-26.

[2] 陈传诗,苏现波.河南省中生代含煤地层中的洪水流沉积[J].岩相古地理,1992(1):26-32.

[3] 芮宗瑶,刘茂强,李云通,等. 粤北中生代含煤地层划分及时代讨论(1973)[C]//中国地质科学院矿床地质研究所文集(18).中国地质学会,1986.

[4] 李宇昌.论新疆中生代聚煤规律[J].新疆地质,1984,2(2):1-19.

[5] 陈宪,李宇昌,廖有炜.准噶尔盆地及其周边地区中生代成煤及大地构造梗概[J].新疆大学学报(自然科学版),2004,21(3):312-316.

[6] 苗河根.第三系富水高压砂砾层人造围岩法凿井工艺的研究与实践[J].建井技术,2008,29(4):24-26.

[7] 张占松,张超谟.测井资料沉积相分析在砂砾岩体中的应用[J].石油天然气学报,2007,29(4):91-93.

[8] 吕复苏,黄小平,任涛.地震属性信息在砂砾岩油藏开发中的应用:以克拉玛依油田上二叠统上乌尔禾组油藏为例[J].新疆石油地质,2003,24(4):310-312.

[9] 马丽娟,何新贞,孙明江,等.东营凹陷北部砂砾岩储层描述方法[J].石油物探,2002,44(3):534-358.

[10] 黄仁祥,张超.鸡西中生代砾岩岩相组构特征[J].煤田地质与勘探,1979(5):10-18.

[11] 王宝言,隋风贵.济阳坳陷断陷湖盆陡坡带砂砾岩体分类及展布[J].特种油气藏,2003,10(3):38-41.

[12] 彭传圣,王永诗,林会喜.陆相湖盆砂砾岩体层序地层学研究:以济阳坳陷罗家-垦西地区为例[J].油气地质与采收率,2006,13(1):23-26.

[13] 申本科,胡永乐,田昌炳,等.陆相砂砾岩油藏裂缝发育特征分析:以克拉玛依油田八区乌尔禾组油藏为例[J].石油勘探与开发,2005,32(3):41-44.

[14] 张守伟,孙建孟,苏俊磊,等.砂砾岩弹性试验研究[J].中国石油大学学报(自然科学版),2010,34(5):63-68.
[15] 董云.土石混合料力学特性的试验研究[D].重庆:重庆交通学院,2005.
[16] 黄广龙,周建,龚晓南.矿山排土场散体岩土的强度变形特性[J].浙江大学学报(工学版),2000,34(1):56-61.
[17] 武明.土石混合非均质填料力学特性试验研究[J].公路,1997(1):40-42.
[18] 赫建明.三峡库区土石混合体的变形与破坏机理研究[D].北京:中国矿业大学(北京),2004.
[19] 吕天启,刘光廷.砂砾软岩的极限承载力分析[J].岩石力学与工程学报,2005,24(11):1942-1946.
[20] 闫汝华.弱膨胀黏土质砂砾岩坝料的工程特性及应用研究[J].南水北调与水利科技,2008,6(4):96-98.
[21] 胡胜刚,左永振,饶锡保,等.基于模型试验的河床砂砾石层基本特性研究[J].长江科学院院报,2012,29(11):55-58.
[22] 黎心海,简洪平.第三系砂砾岩的性质与桩基承载力评价[J].有色冶金设计与研究,2004,25(2):45-48.
[23] 宁金成,孙久民.土石混合体的力学性能影响因素研究[J].中外公路,2012,32(2):207-210.
[24] 廖秋林,李晓,李守定.土石混合体重塑样制备及其压密特征与力学特性分析[J].工程地质学报,2010,18(3):385-391.
[25] 张景,王颖,范希彬,等.致密砂砾岩储层应力敏感性评价研究[J].中国海上油气,2020,32(3):105-110.
[26] LI X,LIAO Q L,HE J M. In-situ tests and a stochastic structural model of rock and soil aggregate in the Three Gorges reservoir area,China[J]. International journal of rock mechanics and mining sciences,2004,41(3):702-707.
[27] 李晓,廖秋林,赫建明,等.土石混合体力学特性的原位试验研究[J].岩石力学与工程学报,2007,26(12):2377-2384.
[28] 徐文杰,胡瑞林,曾如意.水下土石混合体的原位大型水平推剪试验研究[J].岩土工程学报,2006,28(7):814-818.
[29] 油新华,汤劲松.土石混合体野外水平推剪试验研究[J].岩石力学与工程学报,2002,21(10):1537-1540.
[30] CETIN H,FENER M,GUNAYDIN O. Geotechnical properties of tire-cohesive clayey soil mixtures as a fill material[J]. Engineering geology,

2006,88:110-120.

[31] TASUOKA F,SHIBUYA S,GOTO S,et al. Discussion on "The Use of Hall Effect Semiconductors in Geotechnical Instrumentation" by C. R. I. Clayton, S. A. Khatrush, A. V. D. Bica, and A. Siddique[J]. Geotechnical testing journal,1990,13(1):63-67.

[32] SHIBUYA S,TATSUOKA F,TEACHAVORASINSKUN S,et al. Elastic deformation properties of geomaterials[J]. Soil and foundations,1992,32(3):26-46.

[33] EVANS M D,ZHOU S. Liquefaction behavior of sand-gravel composites [J]. Journal of geotechnical engineering,1995,121(3):287-298.

[34] YASUDA N,MATSUMOTO N. Dynamic deformation characteristics of sands and rock fill materials[J]. Canadian ceotechnical journal,1993,30(3):747-757.

[35] 邱贤德,阎宗岭,刘立,等. 堆石体粒径特征对其渗透性的影响[J]. 岩土力学,2004,25(6):950-954.

[36] 徐天有,张晓宏,孟向一. 堆石体渗透规律的试验研究[J]. 水利学报,1998(S1):3-5.

[37] 朱建华,游凡,杨凯虹. 宽级配砾石土坝料的防渗性及反渗[J]. 岩土工程学报,1993,15(6):18-27.

[38] 张福海,王保田,张文慧,等. 粗颗粒土渗透系数及土体渗透变形仪的研制[J]. 水利水电科技进展,2006,26(4):31-33.

[39] 姚旭初,张学平,王峰,等. 地表水体作用下的粗颗粒地层渗透规律研究[J]. 勘探科学技术,2008(5):21-23.

[40] 周中,傅鹤林,刘宝琛,等. 土石混合体渗透性能的试验研究[J]. 湖南大学学报(自然科学版),2006,33(6):25-28.

[41] 周中,傅鹤林,刘宝琛,等. 土石混合体渗透性能的正交试验研究[J]. 岩土工程学报,2006,28(9):1134-1138.

[42] 王同华,韩选江,钱志华. 隧道工程中渗流引起的渗漏问题分析[J]. 地下空间与工程学报,2008,4(3):420-424.

[43] 郭海庆,黄海燕,耿妍琼,等. 箱形渗透试验仪中宽级配砂砾石渗流变形试验[J]. 水电能源科学,2012,30(10):54-57.

[44] 樊贵盛,邢日县,张明斌. 不同级配砂砾石介质渗透系数的试验研究[J]. 太原理工大学学报,2012,43(3):373-378.

[45] 叶源新,刘光廷. 三维应力作用下砂砾岩孔隙型渗流[J]. 清华大学学报(自

然科学版),2007,47(3):335-339.
[46] 邵明仁,张春阳,陈建兵,等.PDC钻头厚层砾岩钻进技术探索与实践[J].中国海上油气,2008,20(1):44-47.
[47] 刘桂松.干钻法在砂砾石层钻进中的成功应用[J].西部探矿工程,2001(4):93.
[48] 刘晓阳,段隆臣,姜德英,等.金刚石-硬质合金复合齿钻头在卵砾石地层中的应用[J].煤田地质与勘探,2004,32(1):63-64.
[49] 周红心.强化耐磨性钻头在卵砾石地层中的应用研究[J].金刚石与磨料磨具工程,2007,158(2):55-57.
[50] 许厚材.套管、潜孔锤复合性钻进工艺在河床卵砾石层中的应用[J].吉林地质,2000,19(3):83-86.
[51] 袁振中,童立元.卵砾石层中公路隧道设计与施工技术分析[J].公路工程与运输,2006,12:145-148.
[52] 赵世麒,席丁民.黄土砂砾层中大断面隧道成洞技术[J].施工技术,2006,35(2):57-59.
[53] 杨玉银,蒋斌,杨贵仲,等.富水泥结碎石斜井隧洞施工技术[J].四川水力发电,2006,25(S2):82-85.
[54] 陈晓婷.富水砂卵石地层条件下浅埋暗挖法隧道设计与施工对策[D].成都:西南交通大学,2006.
[55] 郑光炎,郭武峰.卵砾石层地层中未固结砂岩夹泥岩隧道施工工期开挖破坏模式之案例探讨[J].隧道建设,2007(S1):64-69.
[56] 侯建国.永寿梁特长隧道侏罗系豆渣状砂砾岩地层施工[J].铁道勘察,2011,37(2):43-45.
[57] 陈夕锁.主斜井过砾石层安全施工技术[J].能源技术与管理,2005(6):37.
[58] 张晓刚.浅谈斜井过砾石层含水层的施工方法[J].黑龙江科技信息,2003(4):99.
[59] 郭成林.厚卵砾石层成井施工问题[J].探矿工程(岩土钻掘工程),1990(3):46-47.
[60] 邝健政,昝月稳,王杰,等.岩土注浆理论与工程实例[M].北京:科学出版社,2001.
[61] 程晓,张凤祥.土建注浆施工与效果检测[M].上海:同济大学出版社,1998.
[62] 熊厚金.国际岩土锚固与灌浆新进展[M].北京:中国建筑工业出版社,1996.

[63] 高大钊.岩土工程的回顾与前瞻[M].北京:人民交通出版社,2001.
[64] 殷素红,文梓芸.白云质石灰岩-水玻璃灌浆材料的性能及其反应机理[J].岩土工程学报,2002,24(1):76-80.
[65] 殷素红,文梓芸.低品位石灰岩用作胶凝-灌浆材料的研究[J].矿产综合利用,2002(4):35-40.
[66] 管学茂,胡曙光,丁庆军,等.超细水泥基注浆材料性能研究[J].煤矿设计,2001(3):28-31.
[67] 韩立军,张利民,高明,等.粉煤灰壁后注浆充填材料的试验研究[J].煤炭科学技术,2001,29(7):34-37.
[68] 阮文军,王文臣,胡安兵.新型水泥复合浆液的研制及其应用[J].岩土工程学报,2001,23(2):212-216.
[69] 郭涛,童立元,方磊.水泥粉煤灰注浆材料特性的室内试验研究[J].岩土工程界,2002,5(11):19-22.
[70] 李爱民,隆威.轻质速凝堵漏注浆材料试验研究[J].混凝土,2003(4):33-34.
[71] 孙玉超.巷道工作面预注黏土水泥浆施工技术[J].建井技术,2003,24(1):9-11.
[72] 凌贤长,官宏宇,王成举.黏土浆液固化剂的技术性能与工程中的应用[J].南水北调与水利科技,2005(3):40-41.
[73] 盛广宏,翟建平,李琴,等.利用循环流化床锅炉脱硫灰制备注浆材料[J].环境工程,2006,24(1):52-56.
[74] 王凯.大掺量煤矸石粉注浆材料的研究[J].建筑石膏与胶凝材料,2005(2):13-15.
[75] 冀玲芳,李养平.高分子化学灌浆材料及其在混凝土防渗堵漏工程中的应用[J].江苏化工,2002,30(6):42-44.
[76] 郑颖人.地下工程锚喷支护设计指南[M].北京:中国铁道出版社,1988.
[77] 孟庆彬,孔令辉,魏烈昌,等.煤矿软岩巷道工程支护的研究现状与展望[J].煤,2011,20(1):1-6.
[78] 高磊.矿山岩石力学[M].北京:机械工业出版社 1987.
[79] TALOBRE J.岩石力学[M].林天健,葛修润,等,译.北京:中国工业出版社,1965.
[80] KASTNER H.隧道与坑道静力学[M].同济大学《隧道与坑道静力学》翻译组,译.上海:上海科技出版社,1980.
[81] 于学馥,郑颖人,刘怀恒,等.地下工程围岩稳定分析[M].北京:煤炭工业

出版社，1983.

[82] 林银飞，郑颖人. 弹塑性有限厚条法及工程应用[J]. 工程力学，1997，14(2)：110-115.

[83] 梁晓丹，刘刚，赵坚. 地下工程压力拱拱体的确定与成拱分析[J]. 河海大学学报(自然科学版)，2005，33(3)：314-317.

[84] KOVARI K. Erroneous concepts behind the New Austrian tunnelling method[J]. Tunnels and tunnelling，1994，11：38-41.

[85] BRADY B H G，BROWN E T. Rock mechanics for underground mining [M]. London：George Allen & Unwin，1985.

[86] 蔡美峰，何满潮，刘东燕. 岩石力学与工程[M]. 北京：科学出版社，2002.

[87] TERZAGHI K. Theoretical soil mechanics[M]. New York：John Wiley & Sons，1947.

[88] ABBOTT P A. Arching for vertically buried prismatic structures[J]. Journal of the soil mechanics and foundations division，1967，93(5)：233-255.

[89] BALLA A，Rock pressure determined from shearing resistance[C]//Proceeding. Int. Conf. Soil Mechanics，Budapest，1963.

[90] BEEK B F. Sinkholes：Their Geololgy，engineering and environmental impact[C]//Proceedings of the First Multidisciplinary Conference on Sinkholes，1984.

[91] ARTUTO A，BELLO M. Simplified method for stability analysis of underground openings[C]//Proc. 1st International Symposium on Storage in Excavated Rock Caverns，1978.

[92] BENSON R C，LA F J L. Evaluation of subsidence or collapse potentials due to subsurface cavities[C]//Proceedings of the First Multidisciplinary Conference on Sinkholes，1984.

[93] YOSHIDA T. Shear banding in sands observed in plane strain compression[C]//Proceedings of the 3rd International Workshop on Localization and Bifurcation for Soils and Rocks，1994.

[94] HUANG Z. Stabilizing of rock cavern roofs by rockbolts[D]. Trondheim：Norwegian University of Science and Technology，2001.

[95] TIEN H-J J. The arching mechanism on the micro level utilizing photoelasticity modeling[D]. Lowell：University of Massachusetts Lowell，2001.

[96] 贾晓虎. 考虑空间作用的土质隧道压力拱效应与围岩稳定性研究[D]. 桂

林:桂林理工大学,2012.

[97] 吉小明,王宇会,阳志元.隧道开挖问题中的流固耦合模型及数值模拟[J].岩土力学,2007, 28(S1):379-384.

[98] 王建秀,胡力绳,张金,等.高水压隧道围岩渗流-应力耦合作用模式研究[J].岩土力学,2008,28(S1):237-240.

[99] 吉小明,王宇会.隧道开挖问题的水力耦合计算分析[J].地下空间与工程学报,2005,1(6):848-852.

[100] 汪优,王星华,刘建华,等.基于流固耦合的海底隧道注浆圈渗流场影响分析[J].铁道学报,2012,34(11):108-114.

[101] 梅国栋,王云海.三维流固耦合数值模拟在铜锣山隧道安全性评价中的应用[J].中国安全生产科学技术,2009,5(6):57-61.

[102] 张志强,李化云,何川.基于流固耦合的水底隧道全断面注浆力学分析[J].铁道学报,2011,33(2):86-90.

[103] 李地元,李夕兵,张伟,等.基于流固耦合理论的连拱隧道围岩稳定性分析[J].岩石力学与工程学报,2007,26(5):1056-1064.

[104] LI X-B,ZHANG W,LI D-Y,et al. Influence of underground water seepage flow on surrounding rock deformation of multi-arch tunnel [J]. Journal of Central South University of Technology,2008,15(1):69-74.

[105] LEE I-M,NAM S-W. The study of seepage forces acting on the tunnel lining and tunnel face in shallow tunnels [J]. Tunnelling and underground space technology. 2001,16(1):31-40.

[106] 靳晓光,李晓红,张燕琼.越江隧道施工过程的渗流-应力耦合分析[J].水文地质工程地质,2010,37(1):62-67.

[107] 马立强,张东升,缪协兴,等. FLAC 3D 模拟采动岩体渗流规律[J].湖南科技大学学报(自然科学版),2006,21(3):1-5.

[108] 白国良.基于 FLAC 3D 的采动岩体等效连续介质流固耦合模型及应用[J].采矿与安全工程学报,2010,27(1):106-110.

[109] 李刚.水岩耦合作用下软岩巷道变形机理及其控制研究[D].阜新:辽宁工程技术大学,2009.

[110] 中华人民共和国水利部.土工试验规程:SL237—1999[S].北京:中国水利水电出版社,1999.

[111] 中华人民共和国建设部.岩土工程勘察规范:GB 50021—94)[S].北京:中国建筑工业出版社,1995.

[112] 杨坪,唐益群,彭振斌.砂卵(砾)石层中注浆模拟试验研究[J].岩土工程

学报,2006,28(12):2134-2138.
[113] 杨米加,陈明雄,贺永年.裂隙岩体注浆模拟实验研究[J].实验力学,2001,16(1):105-112.
[114] 宋子齐,杨金林,潘玲黎,等.利用粒度分析资料研究砾岩储层有利沉积相带[J].油气地质与采收率,2005,12(6):16-18.
[115] 朱大岗,赵希涛,孟宪刚,等.念青唐古拉山主峰地区第四纪砾石层砾组分析[J].地质力学学报,2002,8(14):323-332.
[116] 王晓雷,刘治国,吕晓磊.沙吉海煤矿砾岩层砾石粒度及强度特征分析[J].煤矿开采,2012,17(2):26-28.
[117] 梅惠,胡道华,陈方明,等.武汉阳逻砾石层砾石统计分析研究[J].地球与环境,2011,39(1):42-47.
[118] 中华人民共和国建设部.工程岩体试验方法标准:GB/T 50266—99[S].北京:中国计划出版社,1999.
[119] 姜彬,夏帆,杨大明.点荷载试验研究[J].华北科技学院学报,2011,8(4):20-22.
[120] 刘曼兰,何昌荣,唐辉.堆石坝砾石土心墙料大型三轴试验研究[J].路基工程,2009(6):132-133.
[121] 舒志乐.土石混合体微结构分析及物理力学特性研究[D].成都:西华大学,2007.
[122] 龙建新.砂砾层渗透灌浆研究[D].长沙:中南工业大学,1994.
[123] 石海荣,赵庆书,赵国军.浙江省砂砾石层工程地质特征及坝基防渗处理[J].浙江水利水电专科学校学报,2000,4(12):67-70.
[124] 张许平,张学文.防洪堤砂卵砾石地基工程地质特征及评价[J].山西水利科技,2002(3):70-71.
[125] 向贤礼.砂卵石地基的勘测方法与承载力研究[D].长沙:中南大学,2005.
[126] 赵大军.JSL-30型卵砾石地层地震勘探孔钻机、钻具及钻进参数检测系统的研究[D].长春:吉林大学,2005.
[127] 于永刚,聂占业.砾岩地层中钻柱损伤机理分析[J].钻采工艺,1999,22(3):3-5.
[128] 周天盛,刘祖建.卵砾石地层金刚石钻头的试验研究[J].探矿工程(岩土钻掘工程),2009,36(11):69-71.
[129] 罗武.卵砾石地层钻探施工方法[J].新疆有色金属,2003(3):20-21.
[130] 付兵,邱太宝.深厚砂卵砾石层金刚石钻探施工技术和工艺[J].四川水力发电,2007,25(1):87-89.

[131] 郭鸣黎. 西部地区巨厚砾石层钻井难点及对策[J]. 西南石油学院学报，2006，28(6)：49-52.
[132] 王立彬，燕乔，毕明亮. 砂砾石层可灌性分析与探讨[J]. 水利技术监督，2010，18(3)：42-46.
[133] 王子明，黄大能，谢尧生. 新拌水泥浆体的流变特性及其可灌性的研究[J]. 中国建筑材料科学研究院学报，1990，2(2)：1-6.
[134] 黄向春. 岩体可灌性分析与评价综述[J]. 勘察科学技术，2000(4)：36-41.
[135] 梁润. 施工技术[M]. 北京：中国水利水电出版社，1994.
[136] 陈新年，谷拴成. 微细或超细水泥类注浆材料及其性能[J]. 西安矿业学院学报，1999，19(S1)：91-94.
[137] MITCHELL J K. In-place treatment of foundation soils[J]. Journal of the soil mechanics and foundations division，1970，96(1)：73-109.
[138] KING J C，BUSH E G W. Symposium on grouting：grouting of granular materials[J]. Journal of the soil mechanics and foundations division，1961，87(2)：1-32.
[139] BELL L A. A cut-off in rock and alluvium at Asprokremmos Dam[C]. Proc. Conf. Grouting in Geotech. Engg，1982.
[140] 全国水利水电施工技术信息网. 水利水电工程施工手册 第 1 卷：地基与基础工程[M]. 北京：中国电力出版社，2004.
[141] 龙建新. 砂砾层渗透灌浆研究[D]. 长沙：中南大学，1994.
[142] 袁越，王晓雷，庞杰文. 松散软岩巷道锚注支护注浆材料配比试验研究[J]. 中国矿业，2012，21(4)：100-104.
[143] 闫勇，郑秀华. 水泥-水玻璃浆液性能试验研究[J]. 水文地质工程地质，2004(1)：71-72.
[144] 中华人民共和国国家发展和改革委员会. 地面用水泥基自流平砂浆：JC/T 985—2005[S]. 北京：中国标准出版社，2005.
[145] 刘波，韩彦辉. FLAC 原理、实例与应用指南[M]. 北京：人民交通出版社，2005.
[146] 陈育民，徐鼎平. FALC/FALC 3D 基础与工程实例[M]. 北京：中国水利水电出版社，2008.
[147] 刘宁，朱维申，于广明，等. 高地应力条件下围岩劈裂破坏的判据及薄板力学模型研究[J]. 岩石力学与工程学报，2008，27(S1)：3173-3179.
[148] 华成亚，赵旭. 基于突变理论的隧道失稳判据研究[J]. 科学技术与工程，2015，15(33)：85-91.

[149] 刘镇,周翠英. 隧道变形失稳的能量演化模型与破坏判据研究[J]. 岩土力学,2010,31(S2):131-137.
[150] 李世辉,宋军. 变形速率比值判据与猫山隧道工程验证[J]. 中国工程科学,2002,4(6):85-91.
[151] 李世辉. 以控制论观点研究隧道围岩稳定问题及其应用[J]. 煤炭学报,1988(2):23-29.
[152] 刘建国,周晓军,肖清华,等. 隧道围岩沿结构面滑移判据及其影响因素分析[J]. 现代隧道技术,2017,54(6):103-110.
[153] WANG X B. Analysis of progressive failure of pillar and instability criterion based on gradient-dependent plasticity[J]. Journal of Central South University,2004,11(4):445-450.
[154] LAN H T,MOORE I D. Practical criteria for assessment of horizontal borehole instability in saturated clay[J]. Tunnelling and underground space technology,2018,75:21-35.
[155] MA C S,CHEN W Z,TAN X J,et al. Novel rockburst criterion based on the TBM tunnel construction of the Neelum-Jhelum (NJ) hydroelectric project in Pakistan[J]. Tunnelling and underground space technology,2018,81:391-402.
[156] 栾茂田,武亚军,年廷凯. 强度折减有限元法中边坡失稳的塑性区判据及其应用[J]. 防灾减灾工程学报,2003,23(3):1-8.
[157] HASHEMI S S,MELKOUMIAN N. A strain energy criterion based on grain dislodgment at borehole wall in poorly cemented sands[J]. International journal of rock mechanics and mining sciences,2016,87:90-103.
[158] 宋波,曹野. 基于小波能量的爆破震动巷道围岩稳定性判据[J]. 岩土力学,2013,34(S1):234-240.
[159] 卢爱红,茅献彪,赵玉成. 动力扰动诱发巷道围岩冲击失稳的能量密度判据[J]. 应用力学学报,2008,25(4):602-606.
[160] 范广勤. 高地应力下地下工程围岩稳定的趋向和判据[C]//第17届全国结构工程学术会议论文集,2008.
[161] 黄润秋,许强. 突变理论在工程地质中的应用[J]. 工程地质学报,1993(1):65-73.
[162] PAN Y S,ZHANG M T,LI G Z. The study of chamber rockburst by the cusp model of catastrophe theory[J]. Applied mathematics and mechanics,1994,15(10):943-951.

[163] YU L,LIU J J. Stability of interbed for salt cavern gas storage in solution mining considering cusp displacement catastrophe theory[J]. Petroleum,2015(1):82-90.

[164] XUE Y G,WANG D,LI S C,et al. A risk prediction method for water or mud inrush from water-bearing faults in subsea tunnel based on cusp catastrophe model[J]. KSCE journal of civil engineering,2017,21(7):2607-2614.

[165] QIN S Q,JIAO J J,WANG S. A cusp catastrophe model of instability of slip-buckling slope[J]. Rock mechanics and rock engineering,2001,34(2):119-134.

[166] QIN S Q,JIAO J J,LI Z G. Nonlinear evolutionary mechanisms of instability of plane-shear slope:catastrophe,bifurcation,chaos and physical prediction[J]. Rock mechanics and rock engineering,2006,39(1):59-76.

[167] 刘会波,肖明,陈俊涛. 岩体地下工程局部围岩失稳的能量耗散突变判据[J]. 武汉大学学报(工学版),2011,44(2):202-206.

[168] 付成华,陈胜宏. 基于突变理论的地下工程洞室围岩失稳判据研究[J]. 岩土力学,2008(1):167-172.

[169] 谢飞. 突变理论在围岩稳定性分析中的应用研究[D]. 北京:北京交通大学,2014.

[170] 郑颖人,刘兴华. 近代非线性科学与岩石力学问题[J]. 岩土工程学报,1996(1):98-100.

[171] 郑东健,雷霆. 基于突变理论的高拱坝失稳判据研究[J]. 岩土工程学报,2011(1):23-27.

[172] 黄润秋,许强. 开挖过程的非线性理论分析[J]. 工程地质学报,1999,7(1):9-14.

[173] 凌复华. 突变理论及其应用[M]. 上海:上海交通大学出版社,1987.

[174] 许传华. 岩体破坏的非线性理论研究及应用[D]. 南京:河海大学,2004.

[175] 何满潮,景海河,孙晓明. 软岩工程力学[M]. 北京:科学出版社,2002.

[176] 何满潮,孙晓明. 中国煤矿软岩巷道工程支护设计与施工指南[M]. 北京:科学出版社,2004.

[177] 何满潮,袁和生,靖洪文,等. 中国煤矿锚杆支护理论与实践[M]. 北京:科学出版社,2004.